신의진의 아이심리백과

신의진의
아이심리백과
0~2세 부모가 꼭 알아야 할 아이 성장에 관한 모든 것

0~2세편

신의진 지음

30만 부 기념 에디션을 펴내며

어느덧 소아 정신과 의사로 일해 온 지 25년이 되었습니다. 그동안 수십만 명에 이르는 부모와 아이를 만나 상담을 하고, 치료를 해 오면서 언제나 제 바람은 하나였습니다. 세상의 모든 부모와 아이가 건강하게 살아가는 것. 하지만 시간이 갈수록 문제 있는 부모와 아이가 줄어들기는커녕 더 늘어만 갔습니다. 특히나 아이의 마음이 많이 아픈데도 그걸 알아차리기보다 똑똑한 아이 만들기에만 열을 올리는 부모들을 보면 화가 났습니다. 그래서 초보 의사 시절에는 진료실을 찾은 부모들을 많이 혼냈습니다. 더 이상 아이를 망치지 말라고, 어느 만큼 아이를 망가뜨려야 정신을 차리겠느냐고 목소리를 높이기도 했습니다.

하지만 부모가 되어 틱 장애를 앓는 큰아들과 아픈 형 옆에서 관심을 갈구하며 자꾸만 엇나가는 작은아들을 키우면서 비로소 알게 되었습니다. 내가 혼냈던 부모들 또한 아이를 잘 키우고 싶었지만 그 방법을 잘 몰라 헤매는 초보 엄마 아빠였을 뿐이라는 사실을 말입니다. 그들이 진료실에서 울음을 터트릴 때 그들의 아픔에 공감해 줬어야 했는데, 그러지 못했다는 것을 말입니다. 어느 순간

몹시 부끄러웠습니다. 그래서 사죄하는 마음으로 쓰기 시작한 책이 바로 《신의진의 아이심리백과》입니다. 방대한 육아 지식을 한 권의 책에 모두 담을 수는 없지만 필요할 때마다 얼른 꺼내어 참고할 수 있고, 유용하게 써먹을 수 있는 책이 되길 바랐습니다. 그래서 0~2세, 3~4세, 5~6세 등 연령별로 나누어 부모들이 가장 궁금해하는 질문들을 받아, 두 아이를 키운 부모로서의 경험과 소아 정신과 의사로서 환자들을 치료하며 얻은 실전 노하우들을 토대로 최대한 그 질문들에 꼼꼼히 답하고자 노력했습니다.

당시만 해도 책이 이렇게까지 오랫동안 독자들에게 읽히고 사랑받을 거라고는 짐작도 못 했습니다. 생각지 못한 곳에서 책을 읽은 독자를 만나면 반가우면서도 책의 영향력에 대해 새삼 깨닫게 되었고, 책이 도움이 되었다는 피드백을 들으면 진심으로 감사했습니다. 하지만 어느 순간부터는 '과연 좋은 평가를 받을 만한 책인가' 하고 자꾸만 스스로를 돌아보게 되었던 것도 사실입니다. 그래서 이번에 30만 부 기념 에디션을 만들면서는 바뀐 육아 환경에 따라 부모들이 가장 궁금해하는 베스트 질문을 다시 뽑고, 2020년 육아 트렌드에 맞추어 몇 가지 내용을 삭제하거나 추가했습니다. 마지막으로 아이의 정신 건강을 자가 진단해 볼 수 있는 '연령별 부모들이 절대 놓치면 안 되는 아이의 위험 신호'를 새롭게 추가했습니다.

물론 이 한 권의 책이 초보 엄마 아빠의 불안과 조급함을 완전히 없애 줄 것이라고는 생각하지 않습니다. 그러기엔 부모들의 마음을 파고드는 불안과 조급함의 늪이 얼마나 깊고 무서운지 저 또한 잘 알고 있기 때문입니다. 내 얘기는 아닐 거라고 단정하지는 마십시오. 아이를 사랑한다면서 결국은 암기 괴물을 천재라고 칭찬하는 부모, 아이가 기대만큼 쫓아오지 못하는 것을 견디지 못하는 아빠, 자꾸만 옆집 아이랑 비교하며 아이에게 스트레스를 주는 엄마가 되는 것은 한순간입니다.

고백하건대 저 또한 겉으로는 안 그런 척했지만 완벽한 부모를 꿈꾸었고, 그에 맞춰 아이들도 완벽하기를 바랐습니다. 그래서 늘 스스로를 채찍질했고 왜 그걸 못하느냐며 아이들을 보챘습니다. 하지만 그럴수록 모든 것이 힘들게만 느껴졌습니다. 그런데 어느 순간 완벽해지기를 포기하자 마음의 여유가 생기고 아이들에 대한 욕심도 조금은 내려놓을 수 있었습니다. 완벽하지 않아도 충분히 아이들을 사랑해 줄 수 있다는 사실도, 완벽하지 않은 내 아이들이 주는 온전한 행복이 무엇인지도 알게 되었습니다. 그래서 후회를 잘 하지 않는 성격임에도 '좀 더 일찍 완벽주의를 내려놓고 불안과 조급함의 늪에서 빠져나왔더라면 더 좋았을 텐데' 하는 후회는 듭니다. 스스로를 채찍질하고, 아이들을 다그칠 시간에 좀 더 아이들을 껴안고 마음껏 사랑해 주지 못한 것이 아쉬움으로 남는 것입니다.

저는 이 책을 읽는 초보 엄마 아빠가 저와 같은 후회를 하지 않기를 진심으로 바랍니다. 아이가 바라는 것은 완벽하고 훌륭하게 자신을 돌보는 부모가 아니라 언제든 자신과 눈 마주치고, 자신의 말을 잘 들어주며, 자신에게 마음껏 사랑을 전하는 부모입니다. 그러니 그 어떤 순간에도 너무 잘하려고 애쓰지 마세요. 너무 부족한 부모라며 스스로를 괴롭히지 말고, 최대한 아이와 함께하는 시간을 즐기세요. 책을 읽고 100퍼센트 그대로 해 주려고 마음먹었다면 그 마음부터 버리세요. 책에 나온 내용 중 60~70퍼센트만 따르려고 애써도 당신은 이미 충분히 잘하고 있는 겁니다. 마지막으로 저는 당신이 세상에서 가장 아끼는 사람이 아이가 아니라 당신 자신이기를 바랍니다. 행복하고 건강한 아이를 만드는 건 결국 행복한 부모니까요.

2020년 6월
신의진

1~2년 차 부모들에게

저는 큰아이 경모를 임신했을 때 참 어리석은 생각을 했습니다. 아이를 낳고 나면 자유의 몸이 되어 훨훨 날아갈 수 있을 거라 생각한 것입니다. 심지어는 산후조리 기간에 그동안 못 했던 공부를 하겠다는 야무진 계획을 세우기도 했습니다. 그런데 웬걸요. 아이를 낳고 나니 낳기 전보다 더 힘들어졌습니다. 내 뜻과는 상관없이 아이에게 맞춰 하루 24시간을 보내야 했으니 말이지요. 그때 정말 "애는 배 속에 있을 때가 편하다"라는 어른들 말씀이 피부로 와닿았습니다.

그렇게 시작된 초보 엄마 노릇은 순탄하지 않았습니다. 첫째 경모는 유난히 예민해서 자주 울었고, 밤에도 자주 깨어 보챘습니다. 이유식도 잘 먹지 않았고, 낯가림이 무척 심해 자길 돌봐 주는 분 말고는 다른 사람에게 가지를 않았습니다. 그때 저는 '이 아이는 왜 이렇게 까다로울까', '혹시 날 괴롭히려고 태어난 아이는 아닐까' 하는 못된 생각까지 했지요.

저는 절실한 엄마의 마음으로 공부에 매달렸습니다. 그러면서 경모가 보이는 여러 가지 문제가 타고난 기질과 발달상의 문제라는 것을 알게 되었습니다. 그러니 문제는 경모가 아니라, 아이에 대해 잘 알지도 못하면서 뜻대로 되지 않는다고 짜증을 낸 저에게 있던 것입니다. 그렇게 경모가 태어나고 1년간은 경모의 기질을 파악하고 이해하기 위해 노력했습니다.

태어나서 1년. 이 시기에 부모가 가장 중요하게 생각해야 할 것은 아이의 생리적 욕구들을 다 들어주는 것입니다. 이때는 아이의 몸과 마음이 분리되지 않는 시기로, 신체 발달이 곧 심리 발달을 의미합니다. 그래서 아이 몸이 최상의 컨디션을 유지할 수 있도록 제때 먹이고, 제때 재우고, 제때 싸게 하고 바로바로 치워 주는 것이 무척 중요합니다. 그러면서 아이와 그 무엇에도 무너지지 않을 견고한 애정 전선을 구축해야 합니다. 아이가 옹알이를 하면 무슨 뜻인지 몰라도 "그랬구나" 하며 맞장구쳐 주고, 아이가 웃으면 따라서 웃어 주고요. 팔에 깁스를 하고 있을지라도 안아 달라고 하면 안아 주어야 하고, 밖에 나가자고 하면 둘러업고 나가야 합니다.

초보 엄마인 저에게는 사실 이것이 쉬운 일은 아니었어요. 그래서 저는 주변 사람들에게 적극적으로 도움을 청했습니다. 낮 시간에 저를 대신해 아이를 정성으로 돌봐 줄 보모 할머니를 삼고초려(?) 끝에 모셔 왔고, 아이 아빠에게는 틈틈이 아이와 놀아 줄 것을 당부했지요. 그리고 저 또한 어떻게든 아이와 함께할 시간을 만들고자 잠자는 시간을 줄이는 등 노력을 기울였습니다. 주말이면 잠자는 아이를 한 팔로 안고 졸음을 이겨 가면서 책을 읽는 것이 일상이었지요. 돌이켜 보건대 생후 첫해는 무조건 다 퍼 주는 전폭적인 사랑, 한마디로 '찐한 연애!', 그것 하나가 전부이지 싶습니다.

그러다 경모가 막 돌이 지났을 무렵일 겁니다. 세상에 이런 고집불통이 또 있을까 싶을 만큼 떼를 부리기 시작하더군요. "안 돼"라고 하거나, 원하는 것을 들어주지 않으면 어디서 배웠는지 손가락을 입에 넣어 억지로 토하기까지 했습니다. 둘째 정모는 또 어땠는지 아세요? 평소엔 얌전히 잘 놀다가도 뭔가가 마음에 들지 않으면 보는 사람이 숨찰 만큼 울며 넘어갔습니다. 그러다가 바닥에 머리를 찧기도 하고요.

저는 떼쓰는 아이를 보며 본격적인 전쟁이 시작되었음을 알았습니다. 돌이 넘어서면서 아이는 하루에도 열두 번씩 "싫어", "안 해"라며 고개를 젓습니다. 엄마 아빠 눈에는 말도 안 되는 고집을 부리는 것으로 보이겠지만, 이는 곧 아이에게 드디어 '자아'라는 개념이 생겼다는 것을 의미합니다. 이제 아이는 엄마와 다른 '나'라는 존재가 있다는 것을 알게 되었습니다. 그리고 자유로워진 몸을 무기 삼아 이곳저곳을 쑤시고 다닙니다. 내가 살고 있는 세상이 도대체 어떻게 생겼는지 알고 싶기 때문입니다. 그리하여 무엇이든 해 봐야 직성이 풀리는 아이와 아이가 하는 대로 가만히 내버려 둘 수 없는 부모 사이에 크고 작은 실랑이가 끊임없이 생기게 됩니다.

만약 제가 그 고집을 '내 아이가 드디어 자기주장을 펼칠 때가 되었구나' 하고 긍정적으로 받아들였더라면 아이 기르는 일이 훨씬 더 행복했을 거라는 아쉬움이 남네요. 이론으로 알고는 있었지만, 막상 막무가내로 떼를 쓰는 아이를 보고 있으면 저도 모르게 울컥했던 적이 한두 번이 아니었거든요.

하지만 그런 와중에도 저는 아이의 뜻을 함부로 꺾지 않기 위해 노력했습니다. 이 시기에 가장 중요한 것은 아이가 부정적인 감정에 빠지지 않도록 하는 것입니다. 몸이 자유로워져 무엇이든 자기 멋대로 하고 싶어 하지만 불행히도 아이 뜻대로 할 수 있는 일은 많지 않습니다. 심지어 블록을 쌓는 것조차 아이에게는 힘이 들지요. 그래서 아이는 좌절을 경험하게 되고, 그 좌절감을 떼쓰고 화를 내는 것으로 드러냅니다.

아이가 자기 뜻대로 되지 않아 괴로워할 때는 부모가 따뜻하게 달래 주어야 합니다. 또한 위험하지 않다면 아이가 하고 싶은 대로 하게 해 줄 필요가 있습니다. 자기 스스로 무언가를 해 보는 경험이 긍정적인 자아상을 만들고, 그것이 곧 세상을 사는 데 꼭 필요한 자신감으로 이어지기 때문이지요.

아이의 자아가 성장할수록 엄마 아빠는 힘들어집니다. 돌 이후부터 자아가 어느 정도 완성되는 네 돌까지는 매일 아이와 실랑이하는 것이 일과입니다. 날이 갈수록 더 많이 고집을 부리고 더 많이 사고를 치지요. 부모 입장에서는 펄쩍 뛸 노릇이지만 어쩌겠습니까. 이 모두가 아이가 하나의 독립된 인격체로 커 나가는 과정인 걸요.

돌이켜 보면 저 역시 실수를 많이 했습니다. '그때 이렇게 해 줬더라면 좋았을걸', '이래서 내 아이가 그런 행동을 했구나' 싶었던 일이 한두 가지가 아니지요. 진료실에서 부모들을 대할 때마다 그때의 제 모습이 떠올라 반성도 되고, 실수 많은 엄마 밑에서 그래도 잘 자라 준 두 아이에게 고마운 마음도 듭니다.

아이 입장에서 생각해 보면 모든 궁금증이 풀리고 어떻게 아이를 길러야 할지 답이 보입니다. 물론 실천은 말처럼 쉽지 않지만요. 그래서 지난 25년간 60만 명에 이르는 부모들을 상담했던 진료 기록과 더불어 각종 육아 사이트에 올라온 글을 읽으며 0~2세 부모들이 가장 궁금해하는 질문들을 골라 그에 대한 답을 써 내려갔습니다. 또한 영유아 심리 발달 이론과 임상 체험뿐 아니라 두 아이를 키운 엄마로서의 경험이 책을 쓰는 데 토대가 되었습니다. 이책이 매일 아이와 힘겨운 전쟁을 치르는 부모들에게 조금이나마 도움이 되었으면 좋겠습니다. 그리고 그 어떤 교육이든 지금 당장이 아닌, 아이의 20년 후를 생각할 수 있다면 더 바랄 것이 없겠습니다.

Contents

Part 1 1세(0~12개월)

부모가 꼭 알아야 할 1세 아이의 특징
신체 발달이 곧 심리 발달을 의미합니다 · 85

0~2세 부모들이 절대 놓치면 안 되는
아이의 위험 신호 5

0~2세
부모들이
가장 궁금해하는
베스트 질문 20

엄마와 아이 사이에
정말 기질상의 궁합이 있나요?

타고난 천성은 어쩔 수 없다고 생각하는 부모가 많습니다. '우리 아이는 태어날 때부터 소심했으니까', '어렸을 때부터 과격하고 드셌으니까' 하면서 체념하듯 아이를 내버려 두기도 하지요.

하지만 아이 기질을 그냥 내버려 두어선 안 됩니다. 아이의 기질을 객관적으로 받아들이되, 그 기질이 성장에 해가 되지 않도록 도와주어야 하지요.

이때 억지로 기질을 꺾으려 하거나 부모가 생각하는 기준으로 아이를 가르치려 해서는 안 됩니다. 예를 들어 볼까요? 산만한 기질의 아이가 사람 많은 곳에서 고집을 부리고 난동을 피우면 부모는 당황하여 말리기 바쁩니다. 창피하고 화도 나서 손찌검을 하기도 하지요. 그러나 이처럼 억압하거나 화를 내는 식의 대응은 아이 기질 문제를 다루는 데 있어 아무런 도움이 되지 않습니다. 오히려 기질이 강한 아이를 억지로 약하게 만들려고 하면 아이의 뇌에 스트레스 호르몬이 올라가기 때문에 뇌의 유연한 발달에 악영향을 미쳐서 고집이 세고 정서 조절이 안 되는 아이가 될 수도 있습니다.

그러므로 아이가 기질 때문에 안정감을 잃는 행동을 한다면 주변 환경을 조정해 줌으로써 아이가 안정감을 되찾을 수 있도록 도와주는 것이 첫 번째 할 일입니다. 아이의 행동이 잘못됐음을 일러주는 것은 그 후에 해도 늦지 않습니다.

아이가 소심하고 겁이 많다면

소심하고 내성적인 아이를 둔 부모들은 아이가 친구나 제대로 사귈 수 있을지 걱정을 합니다. 그러나 조바심을 낼 필요는 없습니다. 아이는 준비가 되면 자연스럽게 부모의 품을 떠나게 되어 있으니까요. 세상에는 엄마 아빠와 노는 것보다 훨씬 더 재미있는 일이 많다는 것을 깨닫는 순간, 부모가 떠밀지 않아도 아이는 세상을 향해 제 발로 걸어 나갑니다.

만약 지금 아이가 엄마 곁을 떠나지 못하고 있다면 아이 나름대로 이유와 어려움이 있는 겁니다. 이럴 때 엄마가 조급한 마음으로 아이를 억지로 집 밖으로 내보내거나 엄마를 찾는 아이를 외면하면 아이는 불안감이 더 커져서 더욱더 엄마에게 매달리게 됩니다.

우선은 아이를 겁먹게 하는 모든 대상으로부터 아이를 보호해야 합니다. 겁을 내며 엄마의 치마 뒤에만 숨으려는 아이 주변을 살펴보세요. 혹시 못살게 구는 친구는 없나요? 아이에게 크게 소리치는 짓궂은 삼촌은 없나요? 만약 있다면 그런 사람들로부터 아이를 떼어 놓는 것이 좋습니다. 최대한 아이가 안정될 수 있도록 보호해주면서 엄마의 사랑을 통해 자신감을 얻을 수 있도록 도와주어야 합니다.

또한 소심한 아이 중에는 엄마와의 애착에 문제가 있는 경우가 많습니다. 불안정한 애착으로 인해 소심한 기질이 부정적으로 나타나는 것이지요. 그러니 엄마의 사랑이 부족한 것은 아닌지 살피고 충분한 사랑을 느낄 수 있도록 해 주세요. 항상 기다려 주고 반 박자 늦게 반응하는 양육 기술을 익히면 많은 도움이 됩니다.

아이의 행동이 지나치게 활발하다면

반대로 활발함이 지나쳐 유난히 충동적인 행동을 보이는 아이들이 있습니다. 이런 아이들은 겁도 없이 아무 곳에나 올라가고, 소리 지르며 놀기 좋아하고, 엉뚱한 행동을 해서 부모를 놀라게 합니다.

그런데 부모들 중에는 이런 아이의 행동을 바로잡겠다고 아이를 쥐 잡듯이 잡는 사람들이 있습니다. 화를 내고 야단을 쳐서 행동이 고쳐진다면 아이가 아니지요. 이는 걷지도 못하는 아이에게 뛰라고 강요하는 것과 마찬가지입니다. 아무리 아이가 진땀을 빼게 해도 3세까지는 아이가 엄마의 사랑 속에서 자신감을 키울 수 있도록 전폭적인 지지를 해 주어야 합니다. 우선은 아이의 마음을 이해해 주세요.

또한 이런 아이에게는 볼 것도 많고 만질 것도 많은 자극적인 환경이 오히려 괴로울 수 있습니다. 과격한 행동을 하는 아이를 가만히 살펴보세요. 아이는 그런 행동을 한 뒤에 자기가 오히려 더 불안해합니다. 아이 스스로 자신의 감정을 감당할 수 없어 힘들어하는 것이지요.

아이가 어떻게 손을 쓰지 못할 만큼 과격한 행동을 보인다면, 아이를 자극할 만한 대상이 주변에 있는지 살피고 주변 환경을 정리해 주세요. 혹시 내 아이보다 더 과격한 아이가 있어 아이를 자극하지는 않는지, 집 안에 아이의 충동심을 자극할 만한 위험한 물건이 있는 건 아닌지 살펴봐야 합니다. 자극적인 환경에 놓여 있다면 그런 요소로부터 아이를 분리시키는 것이 좋습니다. 물론 평소에도 아이가 정서적으로 편안해질 수 있는 환경을 만드는 데 주의를 기울여야 합니다. 예방 차원에서 물건 많은 시장이나 사람 많은 식당도 아이가 좋아질 때까지는 피하는 것이 좋습니다.

아이가 울면서 자지러질 때 어떻게 해야 하나요?

[Question 02]

아이는 울음으로 자신의 의사를 표현합니다. 그런데 한번 울기 시작하면 숨이 꼴깍 넘어갈 듯이 우는 아이들이 있습니다. 다른 아이에 비해서 까다롭고 감정 표현이 격렬한 아이들이지요. 이는 아이의 기질 때문일 수도 있지만, 선천적인 질환 때문일 수도 있습니다. 신생아 시절에 수술을 받았거나 아토피성 피부염 등 만성 질환으로 고생한 아이들은 병이 다 지나간 후에도 감정 표현이 격렬하고 예민할 수 있습니다.

요새는 아이가 울면서 넘어가면 오히려 부모가 당황하여 어쩔 줄 몰라 합니다. 예전에는 아이가 울어도 느긋하게 기다릴 줄 알았는데, 요즘은 아이를 한둘밖에 안 키우다 보니 아이가 조금만 울어도 부모가 더 놀라고 걱정하는 것이지요. 일단 아이가 울면 어디 아픈 곳은 없나 살펴봐야 합니다. 특별히 아픈 곳이 없다면 부모가 자신의 감정부터 추스르고 아이를 잘 달래 주어야 합니다. 그래야만 아이 스스로 감정을 조절하는 능력을 배우기 시작합니다. 감정을 표현함에 있어 아이는 태어날 때부터 자기만의 패턴을 가지고 있지만, 가장 가까운 주변 사람에 의해서 그것을 조절하는 능력을 키우게 됩니다. 침착하게 그 순간을 잘 넘기는 부모의 모습을 보고 아이도 부정적인 감정을 벗어나는 법을 배우게 되는 것이지요.

울기 전에 예방 조치를 하세요

아이를 잘 관찰하다가 아이가 감정적으로 폭발하기 전 재빠르게 조치를 취하는 것도 현명한 방법입니다. 정모가 어릴 때 제가 그랬습니다. 어릴 적 정모는 잘 놀다가도 뭔가 마음에 들지 않으면 갑자기 격하게 울기 시작해서 저를 당황하게 하곤 했지요. 한번 울기 시작하면 그치지를 않아서 달래다가 파김치가 되었던 적이 한두 번이 아닙니다. 그래서 저는 '처음부터 울리지 말아야지' 하고 마음먹고 아이가 울 때를 대비하는 습관을 길렀습니다.

방법은 간단했습니다. 아이가 울 기색을 보이면 관심을 재빠르게 다른 곳으로 돌리거나, 그것이 안 될 때에는 아이가 원하는 것을 일단 들어주는 것이었어요. 그 방법이 버릇을 나쁘게 할 거라는 말도 들었지만, 아이의 버릇을 바로잡는 것보다 더 중요한 일은 좌절하지 않고 감정을 조절하는 법을 배워 정서적인 안정 상태를 유지하는 것이라는 판단 때문이었습니다.

정서적 안정 없이는 좋은 버릇을 길러 줄 수도 없습니다. 또한 이 시기에 분노나 좌절과 같은 부정적인 감정을 조절할 수 없게 되면 그다음의 발달 과제도 수행할 수 없지요. 예컨대 두 돌 때 자기 조절력을 배우지 못하고 세 돌이 되어서야 그 발달 과제를 수행한다면, 그만큼 뇌의 발달이 늦어 인지능력의 성장도 늦어지는 것입니다. 아이가 한번 울면 숨이 넘어가 탈진할 정도라면, 그 자체만으로도 아이의 정서적 불안감이 증폭됨은 물론 그로 인해 인지 발달도 저해된다는 사실을 알아야 합니다.

유독 칼날처럼 날카로운 아이들이 있습니다. 부모들은 그런 성질이 굳어져 나중에 아이에게 해가 되지는 않을까 걱정하지만, 어릴 때 잘 조절해 주면 별다른 지장 없이 자랄 수 있습니다. 뿐만 아니라 자기 기질을 긍정적으로 발휘해 사회에 꼭 필요한 사람이 될 수 있습니다. 세상에는 어디에든 적응을 잘하는 원만한 사람만 필요한 것이 아닙니다. 날카로운 시각으로 자기주장을 펼칠 줄 아는 사람도 필요하다는 것을 기억하세요.

두 살까지는 무조건 엄마가 집에 있어야 좋을까요?

[Question 03]

결론부터 말하자면 무조건 엄마가 집에 있어야 하는 것은 아닙니다. 단 만 3세까지는 주 양육자를 바꾸지 않는 것이 좋습니다. 주 양육자가 엄마가 됐건 할머니가 됐건 육아 도우미가 됐건, 그것은 상관없습니다. 대신 주 양육자는 반드시 민감하게 아이를 잘 돌보는 사람이어야 합니다. 만 3세까지라고 이야기하는 이유는 아이의 뇌 발달 과정 때문입니다. 만 3세가 되면 아이는 애착 대상과 떨어져서도 혼자 견딜 인지적 능력을 갖게 됩니다. 예를 들어 '조금 있으면 엄마가 올 거야'라고 생각하며 엄마 없는 불안을 견딜 힘을 갖게 되는 것이지요.

일하는 엄마라면

육아는 이제 엄마만의 몫이 아닙니다. 맞벌이 가정이 늘면서 아빠의 육아 휴직이 증가 추세에 있고 엄마 이외의 주 양육자도 늘어나고 있는 상황입니다. 아이가 엄마보다 할머니나 할아버지, 혹은 어린이집 선생님이나 육아 도우미의 손에서 자라는 게 대세가 되고 있는 것이지요. 그래도 아이의 입장에서 가장 의지하게 되는 대상은 부모입니다. 하지만 일하는 엄마의 경우 평일에 기껏 아이를 돌볼 수 있는 시간은 퇴근한 뒤 저녁부터 아침 출근 전까지입니다. 아이는 당연히 엄마가 키우는 것이라 믿어 온 사람들에게 그런 모습은 위험해 보일 수밖에 없지요. 아이가 엄마의 사랑을 제대로 받지 못하고 크는 것처럼 보이니까요. 일하는 엄마 자신도 아침마다 아이를 떼어 놓고 직장에 나가면서 죄책감에 시달립니다. 혹시나 안정된 애착 형성이 어려울까 봐 걱정하는 것이지요.

하지만 많은 연구 결과가 보여 주듯 일하는 엄마라고 해서 아기와 애착 관계가 특별히 불안정하게 형성되지는 않습니다. 일하는 엄마가 퇴근해서 몇 시간이라도 아이를 진심으로 돌보면 아이는 엄마와 안정 애착을 유지하며 건강하게 자랍니다. 즉 양보다는 질이 중요한 것이지요.

요즘에는 아예 시댁이나 친정에 아이를 맡기는 경우도 많은데, 이때 조심해야 할 것이 있습니다. 주말에 아이를 맡긴 집에 가서 같이 자는 것은 괜찮지만 아이를 집으로 데려오는 일은 삼가야 한다는 것입니다. 주 양육자인 할아버지 할머니와 떨어져 낯선 환경에 놓이게 되면 아이가 쉽게 불안을 느끼기 때문입니다. '그래도 우리 집이 더 편하고 좋지'라는 생각은 엄마, 아빠의 착각에 지나지 않습니다. 할아버지 할머니 집에 익숙한 아이에게 엄마 아빠 집은 그저 낯선 공간일 뿐이니까요. 그러므로 6개월 이상 아이를 맡겼다가 데려와서 키울 때는 아이에게 적응 기간을 주어야 합니다. 주 양육자였던 할머니를 집으로 모셔 와 몇 개월 동안 아이와 함께 머물게 하는 것이지요.

함께 있는 시간보다 엄마 공부가 더 중요해요

아이와 2~3년 동안 떨어져 지낸 엄마는 아이를 대하는 게 어색할 수밖에 없습니다. 애착이 없기 때문에 아이를 봐도 애틋하기는 커녕 서먹해서 남의 아이 같다고 느끼는 경우도 있습니다. 그럴 경우는 아이에 대한 정이 생길 때까지 엄마의 부단한 노력이 필요합니다. 그렇다고 모성 본능이 없는 게 아닐까 하고 죄책감을 가질 필요는 없습니다. 모성은 본능이 아닙니다. 아이를 낳는다고 저절로 엄마가 되고 모성이 생기는 건 결코 아니에요. 아이를 잘 기른다는 건 정신적으로 건강하고 성숙한 사람이 아니면 매우 힘든 일입니다. 이유 없이 우는 아이를 하루에도 몇 번씩 안아 주고, 두세 시간마다 먹을 것을 챙겨 주고, 구토물이 남아 있는 냄새나는 옷을 서너 벌씩 빠는 과정을 고스란히 겪어 내면서 아이를 그 자체로 받아들일 수 있어야 합니다.

그래서 엄마가 되려면 아이 성장 발달에 대한 지식도 갖춰야 하고, 감정을 조절하는 능력도 길러야 하며, 한꺼번에 닥치는 예상치 못한 일들을 당차게 해결해 나갈 배포도 있어야 합니다. 그리고 그 모든 것은 결코 저절로 얻어지는 게 아니라 길러지는 것입니다. 그래서 저는 아이에게 문제가 있어서 병원을 찾아오는 엄마들에게 '아이 심리에 대해 공부하라'는 잔소리를 빼놓지 않습니다. 아이와 하루 종일 집에 같이 있다고 해서 좋은 엄마가 되는 건 아니라는 사실을 명심하세요. 같이 있어도 아이를 제대로 돌보지 못하면 결국 아이를 망치는 엄마가 될 수 있습니다.

행동이 굼뜨고 걸음마를 잘 못하는 아이, 정서 발달과 관계가 있나요? [Question 04]

"옆집 아이는 잘 걷고 춤까지 추는데, 우리 아이는 아직 걸음마도 못해요."

다른 건 다 괜찮은데 운동만 굼뜬 아이들이 있습니다. 다른 아이들에 비해 빠릿빠릿하지 못하고 잘 넘어지기도 합니다. 이런 경우, 단순히 운동 발달만 느린 걸까요?

운동 발달과 정서 발달은 함께 이뤄집니다

운동 발달과 정서 발달은 수레의 양 바퀴라고 할 수 있습니다. 특히 6세 이전의 성장기에는 서로 앞서거니 뒤서거니 하면서 동시에 진행된다고 할 수 있습니다. 또한 서로 밀접하게 연관되어 있어 어느 한쪽의 발달이 뒤떨어지면 그 영향으로 다른 쪽도 발달이 더뎌집니다.

예를 들어, 불안과 두려움이 많은 아이들 중에는 신체상 문제가 없는데도 걸음을 늦게 배우는 경우가 있습니다. 정상적인 운동 능력을 갖추었어도 소심하고 겁이 많아 걷기를 두려워하기 때문이지요. 또한 이런 아이들은 미세한 운동 능력(소근육 발달)이 늦게 발달하기도 합니다. 미세한 운동 능력을 기르기 위해서는 자꾸 몸을 움직여 무엇이든 시도해 봐야 하는데, 소심한 아이들은 그저 가만히 있으려고만 합니다. 이러한 이유로 운동 능력이 다른 아이들에 비해 떨어지게 되면 아이의 자아상이 나빠져 정서 발달을 저해하게 됩니다. 그러면 아이의 불안감이 더 증폭되는 악순환이 생기지요.

운동 능력이 떨어진다면 정서적인 문제부터 확인하세요

따라서 아이의 운동 발달이 더디다면 아이에게 어떤 불안 요소가 존재하는 건 아닌지 살펴봐야 합니다. 정서상의 이유로 운동 발달이 늦는 거라면 겁이 나고 불안하게 만드는 요인을 없애 아이의 자신감을 길러 주는 것이 근본적인 해결 방법입니다.

어떤 부모들은 아이의 손을 잡고 억지로 걷는 연습을 시키는데 자꾸 강요하면 아이가 걸음마 자체에 거부감을 갖게 될뿐더러, '나는 이런 것도 못하는 사람이야'라는 부정적인 자아상을 갖게 될 수도 있습니다.

한편 못 걷는 게 아니라 안 걷는 아이도 있습니다. 정서 발달은 정상이고 기는 속도도 상당히 빠른데 걷지 못한다면 아이 성격이 급한 탓일 수 있습니다. 서툴게 걷는 것보다 기는 것이 더 빠르니 걷는 연습을 하기 싫은 거지요. 하지만 이런 경우 대개 14개월이 지나면 걸음마를 시작하기 마련이니 너무 걱정할 필요는 없습니다.

아이가 기질상 느긋한 성격인 경우에도 운동 발달 속도가 느릴 수 있습니다. 느긋한 아이들은 뭐든 급할 것이 없어 걸음마도 늦게 배우는 것이지요. 다만 주의할 점은 뇌 발달에 이상이 있을 때에도 아이의 신체 발달에 문제가 생긴다는 것입니다. 이런 아이는 동작이나 행동에 안정감이 없습니다. 그럴 때는 소아재활의학과 등 전문의의 도움을 받아야만 합니다.

산후 우울증을 피해 갈 방법이 없을까요?

[Question 05]

여성들이 출산 직후 일시적인 감정의 기복이나 슬프고 우울한 느낌 등을 경험하는 것을 산후 우울감(baby blue)이라고 합니다. 일반적으로 볼 때 산후 우울감은 분만 후 3~10일에 생겨 나는 증상으로 출산 과정에서 생긴 스트레스, 여성호르몬의 급격한 변화, 신체 변화 등이 그 원인으로 꼽힙니다. 초산일수록 발생 빈도가 높으며, 산모의 50~70퍼센트 정도가 산후 우울감을 겪는 것으로 알려져 있습니다. 그러나 대부분의 산모들은 2주 정도 지나면서 자연스레 극복하는 모습을 보입니다. 하지만 2주 이상 그런 상태가 지속되면 산후 우울증(postpartum depression)이 아닌지 체크할 필요가 있습니다.

"아이 낳으면서 직장을 그만두고 집 안에만 있게 되었는데 정말 미칠 것 같았어요. 아무도 돌봐 주는 사람이 없는데 남편마저 바쁘다는 핑계로 모른 체하니까 많이 힘들었죠."

보통 출산하는 여성의 10~15퍼센트 정도가 산후 우울증을 겪는 것으로 보고되고 있는데, 산후 우울증에 걸리면 이유 없이 우울해지고 기분이 가라앉습니다. 만사가 귀찮고 조그만 일에도 짜증이 나고 불안하고 초조하지요. 식욕이 없으며 눈물이 많아지고 때로는 가슴이 답답하고 불면증에 시달리기도 합니다. 육아에 대한 부담감 때문에 스트레스를 받고, 아이와 남편이 미워지며, 심한 경우 죽고 싶은 충동을 느끼기도 한답니다.

한 환자의 경우 15개월 된 아기가 음식을 흘리거나 보채면 어김없이 소리를 지르며 아기를 때렸습니다. 여느 엄마처럼 아기가 태어나기를 손꼽아 기다렸지만 막상 아기가 태어나자 육아 스트레스가 심해 그것을 견딜 수 없었던 겁니다.

남편과 부모, 친구들에게 걱정을 털어놓으세요

산후 우울증이 무서운 이유는 이처럼 산모와 아이, 더 나아가 가족 모두를 불행하게 만든다는 데 있습니다. 특히나 엄마가 우울증에 빠지면 아이는 심각한 영향을 받습니다.

한 발달심리학자가 엄마의 표정과 아이의 반응을 실험한 적이 있습니다. 엄마가 3분 동안 우울한 표정으로 아이를 바라보면 아이는 그것을 견디지 못하고 어쩔 줄 몰라 합니다. 엄마가 3분 뒤 다시 웃는 표정을 지어도 아이는 엄마를 경계하며 그 곁으로 가지 않으려고 합니다. 실험 결과 예전의 관계를 회복하려면 20분이 걸리는 것으로 나타났습니다.

3분만 우울한 표정을 지어도 정서적 회복 시간이 20분이나 필요한데 하루 종일 우울한 엄마를 보고 있는 아이는 과연 어떻게 자랄까요? 아이는 엄마를 회피하게 되고 아이의 성격 형성에도 안 좋은 영향을 미칠 것이 분명합니다. 나중에는 학업 수행 능력 및 지적 능력 저하도 불러올 수 있습니다. 그러므로 한 달 이상 산후 우울증이 지속될 경우 전문의를 찾아가 약물 치료와 심리 치료, 가족 치료 등을 받아야 합니다.

하지만 무엇보다 중요한 것은 예방입니다. 출산 시기가 다가오면 아기를 위한 출산 준비도 중요하지만 산후 우울증에 대한 대비책도 세워 둘 필요가 있어요. 특히 분만을 앞두고 불안에 시달리며 기분 변화가 심한 산모의 경우 더욱 유의해야만 합니다. 그러기 위해서는 먼저 주변 가족들이 산모가 출산 후의 변화된 생활에 빨리 적응할 수 있도록 도와주어야 합니다.

이때 남편은 가사와 육아 부담을 덜어 줌으로써 아내가 심신의 여유를 찾을 수 있도록 적극적으로 나서야 합니다. 산모 역시 '아이를 잘못 키우면 어쩌지?', '내 인생은 이제 끝난 건가?'라는 걱정과 불안에서 벗어나 되도록 긍정적인 생각을 하는 것이 필요합니다. 힘겨운 상황에 맞닥뜨렸을 때 혼자 해결하려 하지 말고 가족이나 친구들과 함께 걱정을 나누며 그들의 도움을 받아들이면 좀 더 편안해질 수 있습니다.

그리고 아이를 키우면서 인생이 풍요로워지고 성장한다는 사실을 믿어야만 아이도 엄마도 행복해질 수 있다는 걸 기억하세요. 출산 직후에는 몸과 마음이 굉장히 지쳐 있는 상태이므로 충분한 휴식을 취하는 것도 좋은 방법입니다.

모방하지 않는 아이, 문제 있는 건가요?

[Question 06]

보통의 아이들은 6개월이 지나면 "이리 와", "밥 먹자", "고마워" 등 엄마가 자주 쓰는 말의 의미를 어렴풋이 이해하기 시작합니다.

8~9개월이 되면 엄마가 "바이 바이" 하면서 만세를 하고 손 흔드는 동작을 몇 번 취하면 기억력이 생겨 나중에는 "바이 바이"라는 말만 해도 똑같이 그 동작을 합니다. 이처럼 엄마 아빠의 행동을 따라 하고 흉내 내는 것을 모방이라고 합니다.

모방은 말 그대로 '따라 하기 능력'입니다. 아이는 세상에 대한 지식을 '따라 하기'를 통해 배우게 되는데, 엄마가 "잼잼" 하면 따라서 "잼잼" 하고, "도리도리 짝짝꿍"을 하면 그것을 따라 하는 식입니다. 모방 능력에도 단계가 있습니다. 처음에는 아주 단순한 동작을 그 자리에서 따라 하다가 나중에는 며칠 지나서도 따라 합니다. 며칠이 지나고도 따라 한다는 것은 두뇌에 기억해 두었다가 다시 꺼내는 것으로, 인지 발달에 아주 중요한 능력입니다.

한편 모방은 모든 사회화의 기본입니다. 따라서 아이가 모방을 하지 않으면 사회성 발달에 문제가 있다고 할 수 있습니다. 아이가 8~9개월이 넘었는데 가까이 가지 않는 한 눈을 맞추려 하지 않고, 아무리 자극을 줘도 반응이 없으며, 자신을 부르는 사람을 쳐다보지 않는다면 발달 장애나 자폐 스펙트럼 장애, 애착 장애가 있는 것은 아닌지 의심해 봐야 합니다. 엄마가 우울증에 빠진 경우 아이를 그냥 방치하여 사회성 발달에 문제가 생기는 수도 있습니다.

모방은 사회성 발달을 판단하는 열쇠입니다

아이에게 사회성을 길러 주기 위해서는 만 3세 이전의 부모 역할이 매우 중요합니다. 갓난아기가 옹알이를 했을 때 부모가 웃으며 반응해 주면 아이는 안전한 존재와 자신이 연결되어 있다는 소속감을 느낍니다. 나아가 '나는 괜찮은 사람이며 나를 이해해 주는 사람들과 연결되어 있다'는 흔들리지 않는 믿음을 갖게 되지요. 이처럼 자신의 욕구가 완전히 이해받고 있다는 느낌이 생겨야만 다른 사람을 존중하고 배려하는 사회성 뇌를 성장시킬 수 있습니다.

하지만 아이가 신호를 보내도 부모가 그에 대해 아무런 반응을 보이지 않으면 아이는 고립감과 소외감을 갖게 되고 낯선 타인을 믿지 못하게 됩니다. 그러므로 아이가 뭐든 호기심을 보이거나 모방을 하면 "우리 아기 잘한다"라고 칭찬하고 계속 시범을 보이면서 같이 놀아 주는 것이 필요합니다. 또 아이에게 모방 능력이 있느냐, 없느냐 하는 문제는 아이의 사회성 발달을 판단하는 아주 중요한 열쇠이므로 그 신호를 결코 가볍게 여겨서는 안 됩니다.

신생아에게도 학습 능력이 있나요?

[Question 07]

'어릴 때 자극을 주지 않으면 영재성이 사장되므로 적극적으로 밀어 줘야 한다'는 말을 들어 본 적이 있을 것입니다. 여기에서 말하는 어릴 때는 몇 년 전만 해도 4~5세를 뜻했는데 지금은 3세 이전으로 더 빨라졌습니다. 그러니까 그 논리를 좀 더 정확히 표현하자면 3세까지 어떤 학습적 자극을 주지 않을 경우 아이의 지적 능력이 제대로 발현되지 못한다는 얘기가 되지요. 그래서 부모들은 안 시키면 곧 자기 아이가 바보라도 될 것처럼 호들갑을 떨면서 되도록 빨리 영어와 수학, 한글 등을 가르칩니다.

하지만 안타깝게도(?) 신생아에게는 학습 능력이 없습니다. 그리고 뇌 발달 전문가인 서유헌 교수의 이야기에 따르면 언어나 수와 관련된 학습은 뇌 발달상 만 6세 이후에 시키는 것이 옳다고 합니다. 언어력과 관련한 측두엽과 수학적·물리적 기능을 담당하는 두정엽이 그때야 비로소 발달하기 때문이지요. 그렇다면 만 6세 이전에 아이들의 뇌 발달은 어떻게 이루어지며, 어떤 학습이 필요할까요?

정서적 안정은 두뇌 발달로 이어집니다

일단 만 3세 정도까지 아이의 뇌는 어느 한 부분에 치중하지 않고 모든 부분이 왕성하게 발달합니다. 때문에 어느 한쪽으로 편중된 학습은 좋지 않습니다. 예를 들어 물고기에 대해 학습을 시킬 때도 단순히 그림책이나 영상을 보여 주는 것보다는 오감을 이용해 직접 보고 만지게 하는 것이 더욱 효과적입니다. 이때 오감을 자극한다는 것은 시각, 후각, 청각, 미각, 촉각을 함께 자극하는 것을 의미합니다. 우리 뇌에는 감각을 관장하는 부위가 따로 있어 감각을 많이 자극할수록 뇌를 더 많이 사용하게 되므로 뇌 발달에 도움이 됩니다.

생후 3개월인 아이의 장난감으로는 모빌이 최고입니다. 그중에서도 소리가 나는 흑색 모빌이 좋아요. 이 시기 아이들은 색상을 구별하지 못하기 때문에 색의 대비와 형태가 뚜렷한 흑색 모빌은 눈의 초점을 맞춰 주고 시각적인 능력을 발달시켜 줍니다. 그 밖에 다양한 음악을 들려주거나 딸랑이를 흔들어 주면 청각 발달에 도움을 줄 수 있습니다.

무엇보다 이 시기에는 아이의 정서적 측면이 크게 발달하므로 아이가 즐겁고 행복하게 생활하도록 도와줘야 합니다. 그래야만 스스로에 대해, 세상에 대해 긍정적인 이미지를 갖게 되고, 이는 곧 자신감으로 연결됩니다. 이때 엄마와의 스킨십은 아이의 정서적 안정에 큰 역할을 합니다. 아이를 안아 주고 눈을 맞추며 행복을 느끼게 하는 게 곧 정서적 안정을 가져오고, 이것이 바로 두뇌 발달로 이어지기 때문입니다.

사춘기까지 뇌는 끊임없이 발전합니다

인간의 뇌는 사춘기까지 끊이지 않고 변화, 발전합니다. 뇌의 발전이 극대화될 때까지 무수한 변수들이 작용하지요. 그런데 그 과정에서 조급한 마음에 이것저것 들이밀면 아이의 성장에 문제가 생길 수 있습니다. 그래서 제가 '육아의 끝은 마지막이 되어야만 그 결과를 알 수 있다'고 강조하는 것입니다. 씨앗 상태에서는 그 꽃이 어떤 모양으로 피어나게 될지 모릅니다. 뿌리를 내리고, 줄기와 이파리들이 자라 봉오리를 맺고 난 이후 꽃이 피어야만 그것이 어떤 이름과 향과 모양을 갖추고 있는지 알게 되지요.

저는 잠재력과 관련하여 '타임 테이블(Time Table)'이라는 말을 자주 합니다. "어릴 땐 똑똑했는데 커서는 안 그렇다" 혹은 "어릴 땐 말도 제대로 못했는데 이젠 무엇이든 남들보다 빠르고 잘한다"는 말을 흔히들 합니다. 이렇듯 아이가 부모의 기대나 예상대로 자라는 예는 거의 없습니다. 잠재력은 뇌의 성장이나 아이를 둘러싼 환경, 타고난 아이의 기질에 따라서 누구도 예측할 수 없는 사이에 놀라운 방식으로 발현된다는 얘기지요.

그러므로 부모가 할 수 있는 일은 내 아이의 '타임 테이블'을 믿고 방해 요소를 파악해 제거해 주는 것입니다. 이때 과도한 스트레스가 1등 방해 요인입니다. 스트레스 호르몬이 과다하게 분비될 경우 아이의 기억을 담당하는 뇌의 기능이 현저하게 떨어지기 때문입니다.

그러므로 아이가 과도한 스트레스에 짓눌리지 않게 해 주어야 합니다. 아이의 긍정적인 자아상이 침해받지 않도록, 자신감이 없어지지 않도록, 세상에 대한 신뢰를 잃지 않도록 말입니다.

아이가 자꾸 밤에 자다 깨서 울어요

"제발 잠 좀 푹 자 봤으면 좋겠어요."

0~3세 엄마 아빠라면 누구나 공감하는 말입니다. 아이를 재우고 못다 한 집안일을 하기 위해 일어날라치면 아이는 어느새 눈을 떠 엄마를 찾으며 칭얼거리지요. 아이를 안고 겨우 재웠는데 눕히려고 하면 바로 깨서 우는 아이도 있습니다.

아이는 아직 밤낮을 구분하지 못합니다. 단지 우리가 그렇게 해 주기를 바랄 뿐이지요. 하지만 부모 입장에서 보면 배고픈 것도 아니고 기저귀 갈 때가 된 것도 아닌데 계속 매달리니, 아이를 상대하기가 보통 힘든 일이 아닙니다. 밤새도록 아이와 씨름하다 보면 엄마는 어느새 녹초가 되고 말지요. 집안일 하랴, 회사 일 하랴 몸이 둘이라도 모자란데 잠마저 제대로 못 자니 스트레스가 극에 달하는 것입니다. 그런데 어떤 남편들은 잘 자고 일어나 아내에게 이렇게 말합니다.

"애가 자다 깨서 울었다고? 진짜야? 나는 전혀 못 들었는데……."

엄마가 잠을 푹 잘 수 있는 방법은 정말 없는 것일까요?

신생아는 밤낮없이 자다 깨다를 반복합니다. 그러다 3개월쯤 되면 밤에 몰아 자기 시작하지요. 첫돌이 지난 아이의 일반적인 수면 시간은 낮잠 두 번에 밤잠은 14시간 정도입니다. 18개월이 지나면서부터는 낮잠이 한 번으로 줄고, 21개월쯤 되면 밤잠이 12~13시간으로 줄어듭니다.

그런데 아주 어린 아기라도 어떤 특별한 자극에 습관이 들면 그것을 미리 기대하게 됩니다. 이때 중요한 것은 잠을 몇 시간 자느냐보다 몇 시에 잠자리에 드느냐입니다. 아이 성장에 관여하는 성장 호르몬은 대부분 밤 10시에서 새벽 2시까지 분비되기 때문이지요. 따라서 아이가 잠을 잘 못 자면 성장 호르몬 분비가 제대로 이루어지지 않아 성장에 문제가 생길 수 있습니다.

그런데 2018년 육아정책연구소의 발표에 의하면 한국 아이들의 평균 취침 시각은 9시 52분으로 핀란드 8시 41분, 일본과 미국 8시 56분과 큰 차이를 보였습니다. 게다가 10시~10시 30분 사이 취침 비율이 31.5퍼센트로 가장 높은 것으로 나타났습니다. 늦게 귀가해서 미안한 마음에 조금이라도 아이와 놀아 주고 싶은 부모 마음을 이해 못 하는 것은 아니지만 아이를 위해서는 일찍 재워야 합니다. 엄마 아빠가 모두 늦게 자면 집 안이 시끌시끌하고 불도 다 켜져 있기 때문에 아이가 제대로 잠을 잘 수가 없습니다. 텔레비전 소리나 컴퓨터 키보드 소리도 아이의 수면을 방해하는 요소로 작용하므로 주의할 필요가 있습니다.

아기가 잠을 잘 못 자면 신경이 제 기능을 하지 못합니다. 툭 하면 짜증을 내고 투정을 부리며 엄마 젖도 잘 빨지 않게 되지요. 그러면 세상을 탐험하는 데 필요한 에너지를 얻지 못하고 계속 피곤한 상태로 하루를 보내게 됩니다. 그래서 지친 나머지 긴장을 풀고 잠에 빠져들어야 할 시간에도 짜증을 내며 쉽게 잠들지 못하는 악순환이 계속되는 것이지요.

부모들이 아이의 잠에 대해 잘못 알고 있는 것들

돌이 지났으면 아이의 잠을 방해하는 주위 환경은 개선하고 아이의 잘못된 잠버릇은 바로잡아 주어야 합니다. 이때 낮잠을 되도록 안 재워야 밤에 재울 수 있다고 말하는 부모들이 있는데 그것은 잘못된 생각입니다. 아이들마다 잠을 자는 패턴은 다릅니다. 낮잠을 자고도 밤에 일찍 자고 깊이 잘 수 있는 아이가 있는 반면, 낮에 잠을 안 잤는데도 밤에 늦게 자는 아이가 있습니다.

그리고 아기들은 상대적으로 얕은 잠을 자기 때문에 악몽을 꾸거나 바깥의 자극에 예민하게 반응하여 잠이 든 후 한두 시간 사이에 울거나 뒤척이는 일이 잦습니다. 그러므로 아기가 작은 소리를 낼 때마다 일일이 반응하지 않는 것이 좋아요. "이런, 깼구나"하면서 황급하게 달려가지 말라는 얘깁니다. 그럴 때는 아기를 규칙적으로 가볍게 다독여 주면서 혼자가 아니라고 안심시켜 주세요. 그러면 어느새 아이는 다시 잠을 자게 됩니다.

많은 부모가 아이가 잠투정을 하면 안아 흔들어 재우는데 일단 그 길에 들어서면 오래도록 안고 흔들어서 재울 각오를 해야 합니다. 왜냐하면 아이에게 '잠이란 이렇게 자는 거야'라고 가르치고 있는 셈이기 때문이지요. 그래서 나중에는 엄마 아빠가 안아 주지 않으면 아이가 잠들지 못하는 사태가 발생하게 됩니다. 이렇듯 부모가 필요 이상으로 반응하면 아기는 거기에 의존하게 된다는 사실을 명심해야 합니다.

아이가 울 때마다 계속 아이 입에 노리개 젖꼭지나 젖을 물려서 달래는 엄마들이 있는데 이 경우도 마찬가지입니다. 너무 거기에 의존하다 보면 그것 없이는 잠들지 못하게 되지요. 그래서 세계적인 육아 전문가 트레이시 호그는 노리개 젖꼭지나 엄마 젖이 아이에게 '버팀목'이 되지 않도록 조심하라고 경고합니다. 아기들은 노리개 젖꼭지를 보통 6~7분 열심히 빨다가 점점 속도를 줄이고는 마침내는 뱉어 냅니다. 빠는 욕구를 발산하고 나면 꿈나라로 들어가는 것이지요. 이때 부모가 노리개 젖꼭지를 다시 넣어 주는 경우가 있는데 그러면 안 됩니다. 참고로 밤중 수유나 노리개 젖꼭지는 6개월이 지나면 서서히 끊는 것이 좋습니다.

하지만 별다른 이유 없이 자다 깨서 울기를 반복하는 아이의 경우, 애착 관계에 문제가 있을 수도 있습니다. 유아들은 대부분 분리 공포를 겪지만 부모가 지나치게 응석을 받아 주거나 언젠가 어떤 식으로든 아이의 믿음을 저버린 적이 있다면 아이는 당연히 엄마와 떨어지는 것을 두려워할 수밖에 없어요. 단 5분도 엄마가 없으면 견디지 못하고 울음을 터트리는 아이를 만들고 마는 것이지요.

좋은 수면 습관 들이는 법

아기들은 예측 가능한 것을 잘하고 반복에 의해 배웁니다. 따라서 취침 시간이 다가오면 언제나 같은 말과 행동을 해서 아이가 '아, 이것은 내가 잠을 자야 한다는 의미구나'라고 생각하도록 해야 합니다.

이때 아기에게 휴식이 좋은 것이라는 느낌을 갖게 해 주세요. 강한 어조로 "잠잘 시간이야"라고 혼내듯 말하면 아기는 잠자기가 즐겁지 않은 일이라는 인상을 받습니다. 잠자기를 억지로 해야 하는 일처럼 느끼게 해선 안 됩니다. 잠을 자기에 앞서 '특별한 의식'을 통해 수면 습관을 형성해 주는 것도 좋습니다.

예컨대 매일 밤 잠들기 전 목욕을 하고 마사지를 하고 로션을 발라 주고 자장가를 불러 주는 등의 일을 하나의 의식처럼 반복하는 것입니다. 그러면 아이는 쉽게 잠이 들고 자는 동안에도 덜 깨며 규칙적인 수면 패턴을 보이게 됩니다.

잠들기 전 적어도 한 시간은 조용하게 지내는 것이 좋습니다. 수면 전에 에너지를 많이 요구하는 과격한 운동과 놀이를 하지 않도록 하세요. 미리미리 배고프지 않게 해 주고 수면 전 한 시간 이내로는 먹을 것을 주지 않는 것도 방법입니다.

아이가 사람을 가리지 않고 아무에게나 안겨요

낯가림이란 생후 7~8개월 정도부터 엄마를 다른 사람과 분명히 구별하고, 엄마 외의 다른 사람을 싫어하는 현상을 말합니다. 이는 엄마와 떨어지는 것 자체를 무서워하는 분리 불안과는 다릅니다. 분리 불안은 12개월경에 강하게 나타나는데 엄마와 자신이 이제 한몸이 아니라는 것을 깨닫고 불안감을 느끼는 것을 말합니다.

엄마들은 대개 낯가림이 너무 심한 경우만 문제를 삼는데, 저는 오히려 낯가림이 전혀 없는 경우가 더 심각한 문제라고 생각합니다. 아이가 다른 사람에게 잘 안기는 걸 두고 아이 성격이 좋아서 그런가 보다 하며 좋아해서만은 안 됩니다. 이 경우 엄마와 아이의 애착에 문제가 있는 건 아닌지 되짚어 봐야 합니다. 만일 정상적으로 엄마와 애착 관계를 형성한 아이라면 돌 이전에는 익숙하지 않은 사람을 피하는 것이 일반적입니다. 그러나 엄마와의 애착 관계가 허술하면 엄마와 다른 사람을 구별하지 않고 아무에게나 안기게 되는 것이지요. 한 예로 고아원 등의 아동보호 시설에서 자란 아이들 중에는 낯가림을 하지 않는 아이가 많습니다. 주 양육자와 친밀한 애착 관계를 이룰 기회가 없었기 때문이지요. 물론 기질적으로 아주 순한 아이라면 낯가림 기간이 짧고 정도가 약해 엄마가 미처 모르고 넘어가기도 합니다.

뇌 기능상의 문제가 있을 때에도 낯가림이 없습니다

낯가림이 없는 것을 예의 주시해야 하는 이유는, 뇌 기능상의 문제가 있을 경우에도 낯가림이 없기 때문입니다. 우선 지능이 떨어지면 관계에 대한 인식을 제대로 할 수 없어 낯을 가리지 않습니다. 또한 낯을 가리지 않는 것이 발달 장애의 한 증상일 수 있다는 점도 유념해야 합니다. 가장 대표적인 것이 자폐 스펙트럼 장애인데, 그로 인해 사회성이 발달이 안 된 경우에도 낯을 가리지 않습니다. 또 익숙한 사람과 익숙하지 않은 사람을 구별하는 인지능력에 문제가 있을 수도 있습니다.

이렇듯 아이가 낯선 사람이 안아도 놀라지 않고 가만히 있거나, 엄마와 떨어져도 불안해하지 않는 것은 정상 발달 과정에 어긋납니다. 정서장애든 뇌 발달의 장애든 아이에게 문제가 있다는 신호이지요. 따라서 아이의 행동 특징을 잘 살펴보고 필요하면 전문의와 상의해야 합니다.

그런데 어떤 부모들은 아이가 낯을 가리기 시작하면 낯선 사람들을 자꾸 보여 줘야 나아진다며 억지로 아이를 다른 사람 앞에 내놓기도 합니다. 이런 경우 아이가 스트레스를 받아서 잠을 못 자거나 불안 장애가 생길 수도 있습니다. 특히 엄마가 억지로 다른 사람에게 아이를 맡기고 자리를 비우는 것은 절대 해서는 안 됩니다.

낯가림 증상은 엄마가 없어도 괜찮다는 것을 아이 스스로 깨닫고 마음의 문을 열기 시작하면서 자연스럽게 없어집니다. 그러니 아이가 고모나 삼촌, 할머니, 할아버지 등 가까운 사람부터 차차 익숙해질 수 있도록 도와주세요.

안정 애착과 불안정 애착에 대해 알고 싶어요 [Question 10]

아이는 도움이 필요하거나 몸이 아플 때 본능적으로 부모에게 도움을 요청합니다. 그러면 대부분의 부모들은 아이가 보내는 신호를 재빨리 알아채고 아이가 가진 문제를 해결해 주지요. 그러면 아이는 자신의 신호에 일관되고 신속히 대응해 주는 부모에게 특별한 애착을 느끼게 됩니다.

이처럼 아이가 엄마나 자신과 가장 가까운 사람에 대해서 느끼는 강한 정서적 유대감을 '애착'이라고 부릅니다. 대부분의 아기는 생후 6개월경이면 엄마에게 가려 하고 엄마와 있을 때 즐거워하며 엄마가 떠나려 할 때 싫어하는 등의 행동을 보입니다. 이러한 행동은 한 사람의 특정인에게 애착을 형성했다는 분명한 증거가 됩니다.

애착 이론은 영국의 정신분석학자인 존 볼비에 의해 처음으로 개념화되었고, 캐나다의 발달심리학자인 매리 애인스워스에 의해 더욱 심화되었습니다. 애인스워스는 부모가 방을 떠날 때와 다시 돌아오는 시점에서의 아이의 반응을 기록한 낯선 상황 실험을 통해 애착 관계를 다음과 같이 분류했습니다.

◆ **안정 애착**

엄마가 옆에 있을 때는 세상을 적극적으로 탐색하며 낯선 이를 별로 꺼리지 않는다. 하지만 엄마가 떠나는 것에 민감하게 반응하며 엄마가 돌아오면 위안을 받기 위해 능동적으로 신체적 접촉을 요구하며 그로써 정서적 안정감을 회복한다.

◆ **회피 애착**

아이는 엄마와 함께 있어도 별로 반응을 보이지 않는다. 엄마가 주위를 끌려고 할 때조차도 돌아서서 크게 관심을 두지 않는다. 또 엄마가 방을 떠나도 아무렇지 않은 듯 행동하며 잠시 후 엄마가 돌아와도 시선이나 몸을 돌리는 등 회피 행동을 보인다. 이 경우 엄마는 평소에 아이의 요구에 민감한 반응을 해 주지 않았거나 거부했을 확률이 높다. 또한 아이의 신호와 관계없이 자신이 원하는 방법으로 관계 맺기를 바라며 아이와 신체적인 접촉을 거의 하지 않는다. 아이와 상호작용할 때 아이에게 화를 내거나 과민 반응을 보이기도 한다.

◆저항 애착

이 유형의 경우 주위 탐색을 거의 하지 않는다. 그저 엄마 옆에 딱 달라붙어 울고 보채다가 엄마가 방을 나가면 매우 심한 스트레스 행동을 보인다. 엄마가 잠시 후 돌아와 안아 주어도 계속 울면서 화를 내거나 쉽게 진정되지 않는 모습을 보인다. 이 경우 엄마는 평소에 아이의 요구에 일관성 없이 반응했을 확률이 높다. 기분에 따라 때로는 열광적으로 반응했다가 때로는 아이의 반응을 무시해 버리는 것이다.

위 세 가지 중 안정 애착을 제외한 나머지는 모두 불안정 애착에 해당합니다. 애착 관계가 중요한 까닭은 엄마와의 초기 애착 관계가 아이가 자라면서 맺는 모든 인간관계의 원형이 되기 때문입니다. 다시 말해 아이와 엄마 사이에 형성된 기본적인 신뢰감이 타인에 대한 신뢰로 이어진다는 것입니다. 그래서 엄마와 안정 애착을 형성한 아이는 사회성이 뛰어나 친구 관계를 잘 맺고 또래에게 인기가 높은 리더로 자라게 됩니다. 또한 도전적인 과제를 잘 해결하고 좌절을 잘 참아 내며 문제 행동을 덜 보입니다. 반면 불안정 애착 관계를 형성한 아이는 자신의 요구에 민감하게 반응하지 않았던 엄마처럼 다른 모든 사람도 그럴 것이라 믿습니다. 그래서 타인을 대할 때 긍정적인 감정보다 부정적인 감정을 더 강하게 느낍니다. 또 관계 맺기를 두려워하며 또래 아이들과 제대로 감정을 나눌 줄 모르고 혼자 노는 것을 더 좋아하는 경향을 보입니다. 이처럼 생후 1~3년 동안 맺은 애착은 아이의 인생에 커다란 영향을 끼친다는 것을 명심하세요.

[Question 11]

직장 때문에 5개월부터 아이를 맡겨야 하는데, 육아 도우미와 어린이집 중 어느 쪽이 나을까요?

맞벌이 부부라면 누구나 한 번쯤 골머리를 썩게 되는 문제가 바로 이것입니다. 결론부터 말하자면 아이가 만 3세가 되기 전에는 주 양육자를 바꾸지 않는 것이 좋습니다. 다시 말해 엄마가 최대한 아이 곁에 있는 것이 가장 좋다는 얘기지요. 물론 상황이 여의치 않을 경우에는 남의 손에 아이를 맡길 수밖에 없지만 두 돌 전까지는 아이와 떨어져 있는 시간이 하루에 최대 10시간을 넘지 않는 것이 좋습니다.

하루 종일 어린이집에 맡겨 놨다가 밤늦게 아이를 찾는 엄마들도 있는데, 그것은 아이 입장에서 보자면 정서적 학대나 다름없습니다. 주 양육자인 엄마와 떨어져 하루 종일 낯선 사람과 있으면 아이는 불안과 스트레스에 시달리기 때문입니다.

그리고 육아 도우미를 구하든 어린이집에 보내든 양육자가 계속 바뀌는 것은 아이한테 좋지 않으므로 최소 1년 이상 아이를 봐 줄 수 있는 사람을 구하는 것이 좋습니다. 단, 감정적으로 따스한 사람이 좋으며 개별 육아가 가능해야 합니다. 어린이집의 경우 한 선생님당 6~7명의 아이를 돌보는 곳도 있는데 그런 곳은 가급적 피하는 것이 좋아요. 5개월 정도 된 아이는 엄마와 떨어지는 것에 대해 매우 불안해하고 대소변도 가리지 못하므로 어린이집보다는 1대 1 양육이 가능한 육아 도우미에게 아이를 맡기는 것이 더 바람직합니다.

어린이집에 보낼 경우

그럼에도 어린이집에 보내기로 했다면 가장 먼저 봐야 할 것은 첫째, 아이들과 어린이집 선생님의 비율입니다. 한 선생님이 맡는 아이의 수는 최대 5명을 넘지 않는 것이 좋습니다.

둘째, 많은 교구와 학습 프로그램을 자랑하는 어린이집이 종종 있는데, 교육을 앞세우는 곳보다는 아이가 안정감을 가질 수 있도록 따뜻하게 보살펴 주는 교사가 있는 곳이 훨씬 좋습니다. 아이들이 모여 있고 장난감만 있으면 학습은 그 속에서 저절로 이루어지기 마련이므로 화려한 학습 프로그램에 집착할 필요가 없습니다.

처음 아이를 맡기고 나올 때 아이 몰래 빠져나오는 엄마들이 있는데 그럴수록 아이의 분리 불안은 더욱 커지게 마련입니다. 또한 중요한 것은 아이가 어린이집 가는 것을 좋아하게 만드는 일이므로 아이에게 엄마와 떨어진다는 느낌을 갖게 하면 안 됩니다. 헤어질 때는 아이에게 "잘 놀고 있으면 엄마가 있다가 데리러 올게"라고 인사를 하고, 다시 만날 때는 "기다려 줘서 고마워"라고 말하는 것이 좋습니다.

그리고 아이가 최대한 스트레스를 받지 않고 어린이집에 적응하려면 보통 한 달 정도 적응 기간을 두는 것이 필요합니다. 민감한 아이의 경우 처음에는 한두 시간 떨어져 있다가 점차 떨어져 있는 시간을 늘려 가는 것이 좋습니다.

육아 도우미에게 아이를 맡길 경우

맘에 쏙 드는 육아 도우미를 구하는 것만큼 어려운 일이 또 있을까요. 저도 경모와 정모를 키우면서 육아 도우미를 많이 써 봤지만 아이들을 맡겨도 좋을 사람을 찾기란 결코 쉬운 일이 아니었습니다. 물론 세월이 흐르면서 나름대로 노하우가 쌓이긴 했지요.

몇 가지를 소개하자면 우선 30명 정도 면담을 하고 그중에서 남의 집 아이를 3년 이상 돌본 경험이 있는 사람을 선택했습니다. 전에 일했던 곳은 어디이며 왜 그만두었는지도 꼭 물어봤어요. 왜냐하면 최근 여러 번 옮긴 사람의 경우 우리 집에서도 금방 나갈 확률이 높을 테니까요. 그리고 그만둔 이유로 전 주인에 대한 불평을 끊임없이 늘어놓는 사람은 어떤 문제든 남의 탓을 하기 바쁜 사람이므로 아이들에게 안 좋은 영향을 끼칠 것 같아 선택에서 제외했습니다. 또 외출할 때에는 미리 얘기를 하도록 했어요. 저 모르게 육아 도우미가 아이들을 데리고 나갔다가 불의의 사고라도 당하면 정말 큰일이니까요.

그러나 무엇보다 중요한 것은 육아 도우미로 하여금 부모의 육아 원칙을 잘 이해하고 받아들이게끔 하는 것입니다. 그래야만 아이들이 빨리 적응할 수 있습니다. 피치 못할 사정으로 육아 도우미를 바꿔야 한다면 아이가 새로운 도우미에게 적응하는 시간을 충분히 주어야 합니다. 가장 좋은 방법은 처음 얼마 동안 엄마와 새로운 도우미가 함께 돌봄으로써 아이가 받을 충격과 두려움을 최소화시켜 주는 것입니다. 이럴 때 엄마가 단기 휴가를 쓰는 지혜도 필요합니다.

아이가 엄마보다 할머니를 더 좋아해요

[Question 12]

주 양육자인 엄마가 "안 돼"라는 말을 입에 달고 살면서 강압적인 육아를 해 왔거나 충분한 애정과 관심을 표현하지 않았다면 아이가 엄마를 경계하고 무서워할 수 있습니다. 이 경우 엄마보다 아빠를 더 좋아하거나 다른 사람을 더 따르기도 하지요. 이처럼 주 양육자가 엄마인 상태에서 아이가 엄마 아닌 다른 사람을 더 좋아

한다면 엄마와의 관계가 불안정하다고 볼 수 있습니다. 그러나 엄마가 주 양육자가 아니라면, 예로 할머니가 아이를 키워 주는 경우에는 아이가 할머니와 더 친하다고 해도 문제가 되지 않습니다.

돌 전까지는 길러 주는 사람을 더 좋아해야 합니다

아이는 생후 6개월간 주 양육자와 애착을 형성합니다. 이때 엄마가 아닌 다른 사람이 아이를 키워 준다면 그 사람과 애착을 형성하는 것이 당연한 일이지요. 만약 대리 양육자가 있는데도 아이가 엄마만 보면 안겨서 안 떠나려고 한다면, 대리 양육자의 양육 방법에 문제가 있는 건 아닌지 살피고 아이와 그 사람의 관계를 꼭 확인하는 것이 좋습니다. 계속 강조하지만, 아이가 주 양육자가 아닌 다른 사람을 더 따른다면 애착에 문제가 있을 가능성이 높습니다.

그런데 아이가 엄마보다 아빠를 더 따르는 게 자연스러울 때가 있습니다. 아이는 첫돌 전후에 운동 발달이 크게 이루어지면서 몸을 이용한 놀이를 좋아하게 마련입니다. 아빠는 이런 놀이를 잘해 주는 사람이기 때문에 아이 입장에서는 아빠와 노는 것이 훨씬 재미있어 아빠를 더 따르는 것이지요.

아이의 애착 관계를 확인하는 방법은 아주 간단합니다. 아이가 힘이 없고 몸이 안 좋을 때, 즉 도움이 필요할 때 누구에게 가는지를 보면 알 수 있습니다. 몸이 아프고 힘들 때 엄마를 찾으면 애착 관계에 문제가 없는 겁니다. 일시적으로 아빠나 다른 사람에게 가는 건 문제가 안 됩니다. 잘 지켜보면 아이는 실컷 놀았다는 생각이 들거나 뭔가 필요한 것이 생기면 다시 엄마를 찾는 것을 볼 수 있을 겁니다.

아이는 생후 2년간의 애착 형성을 통해 정서적 안정감을 얻고 사회성을 기르게 됩니다. 그러므로 애착 형성은 이 시기의 가장 중요한 발달 과제라 해도 과언이 아니지요.

직장을 다니는 엄마라면

직장을 다니는 엄마의 경우 아이와 오랜 시간 함께 있을 수 없기 때문에 아이와의 애착 관계에 대해 걱정이 많습니다. 그러나 이럴 때는 아이가 엄마보다 대리 양육자와 안정적인 애착을 형성할 수 있도록 과감히 도와주어야 합니다. 바쁘다는 이유로 아이에게 충분히 사랑을 주지 못할 비에야, 훌륭한 대리 양육자에게 아이를 맡기고 아이가 사랑을 받으며 크고 있는지 꼼꼼히 체크하는 게 더 바람직하다는 말입니다.

이 때문에 나중에 아이와의 관계가 소원해지지는 않을까 하는 걱정은 하지 않아도 됩니다. 아이는 신기하게도 두 돌이 지나면서부터 자기를 돌봐 주는 사람과 엄마를 구별하고, 엄마가 세상에서 제일 좋다고 생각하게 됩니다. 엄마라는 존재가 따로 있고, 그 사람이 자신을 가장 사랑하고 자신에게 힘을 발휘하는 존재라는 걸 깨닫고 엄마를 따르지요. 이때부터는 아침 출근길에 가지 말라며 엄마 치맛자락을 붙들기도 하고, 전화를 걸어 일찍 들어오라고 채근하기도 합니다. 세 돌이 되면 그 정도가 더 심해져 직장을 그만둘까 심각하게 고민을 하는 엄마도 있습니다. 아이와 어떻게 시간을 함께할까 하는 고민은 오히려 이 시기에 더 필요한 일입니다.

만일 엄마 대신 다른 사람 손에서 자란 아이가 훗날 엄마를 싫어하고 무서워한다면 대리 양육자가 아이를 사랑으로 키우지 않았을 가능성이 있습니다. 아이가 어릴 때 대리 양육자에게 느꼈던 부정적인 이미지를 뒤늦게 엄마에게 그대로 투영시키는 것이지요.

실제로 초등학교 저학년의 경우 현재 엄마의 이미지보다는 과거에 자신을 길렀던 주 양육자의 이미지가 엄마와의 관계에 더 큰 영향을 미치곤 합니다. 그러니 직장을 다니고 있는 엄마라면 엄마가 직접 아이를 키우지 못한다고 걱정하거나 죄책감을 가질 것이 아니라, 정성과 사랑을 다해 아이를 키워 줄 수 있는 대리 양육 시스템을 찾아야 합니다.

아이에게 스마트폰을 보여 줘야 떼를 멈춰요

[Question 13]

요즘 식당에 가 보면 아이가 있는 테이블에는 어김없이 아이의 손에 스마트폰이 들려 있습니다. 아이가 스마트폰에 집중한 사이 엄마 아빠가 밥을 먹고 있는 것입니다. 공원이나 놀이터에서도 아이에게 스마트폰을 쥐어 준 채 엄마들끼리 수다를 떠는 모습을 볼 수 있습니다. 일단 아이들이 스마트폰을 보기 시작하면 얌전해지니까 가만히 앉혀 두고 싶을 때 그만한 도구가 없기 때문입니다.

예전에 아이가 밥을 너무 안 먹으면 텔레비전을 틀어 놓고, 아이가 텔레비전에 정신이 팔려 있는 동안 밥을 먹이는 부모들이 있었습니다. 아이들이 텔레비전을 좋아하는 이유는 수동적으로 가만히 앉아만 있어도 재미있고 다양한 자극을 계속 받을 수 있기 때문이지요. 아이는 스스로 세상을 탐험하며 많은 것을 배우면서 성장하는데, 텔레비전을 보게 되면 그럴 필요를 느끼지 못하게 됩니다. 그렇게 인지, 정서, 감각 발달의 기회를 놓쳐 버린 아이는 정상적인 발달을 하지 못한 채 각종 문제를 일으키게 됩니다. 다행히 텔레비전이 아이에게 안 좋다는 것은 많은 부모들이 인식하고 있습니다. 그런데 알고 보면 스마트폰이 아이에게 더 위험할 수 있습니다.

두 돌 이전에는 스마트폰을 보여 주지 마세요

떼를 쓰던 아이의 손에 스마트폰만 쥐어 주면 금세 얌전해지는 이유를 생각해 본 적이 있는지요. 부모들은 언뜻 그것을 '집중'이라고 생각하기 쉽지만 실제로는 스마트폰에 '지배' 당하고 있는 것입니다. 스마트폰은 아이에게 끊임없이 강한 자극을 줍니다. 강한 색채와 소리, 빠른 속도의 장면 전환으로 시시각각 새로운 볼거리를 제공합니다. 그처럼 강한 자극에 계속 노출되다 보면 그 정도로 강한 자극이 주어지지 않는 다른 놀이에는 전혀 관심을 보이지 않게 됩니다. 아이의 뇌가 '팝콘 브레인(popcorn brain)'이 되어 버리기 때문입니다.

팝콘 브레인은 텔레비전이나 스마트폰 등 화면에 팝콘처럼 튀어오르는 강한 자극에는 반응하지만 그보다 밋밋한 일상 자극에는 무감각해져 자극 추구형 뇌로 변한 것을 일컫습니다. 팝콘 브레인은 시간이 갈수록 더 즉각적이고, 더 화려하고, 더 충동적인 것만 찾게 됩니다. 그러다 보면 아이의 집중력이 떨어지고 기억력이 약해지게 됩니다. 이것은 아이의 학습 능력에 치명적인 해를 끼칠 수밖에 없는데요. 학습은 스스로 반복해서 완전히 내 것으로 만드는 과정인데, 팝콘 브레인은 꼼꼼히 살펴보고 완벽하게 깨우치기보다 대충 훑고 지나갈 수밖에 없기 때문입니다. 또 팝콘 브레인은 강한 자극이 주어지지 않으면 금세 싫증 내고 안절부절 못하게 됩니다. 부모가 스마트폰을 빼앗기라도 하면 아이가 난리법석을 피우는 이유입니다.

아이와의 실랑이를 피하는 방법은 딱 하나입니다. 가급적이면 두 돌 이전의 아이에게는 스마트폰을 보여 주지 마세요. 스마트폰에 중독되어 각종 문제를 일으키는 아이가 남의 집 이야기가 아닐 수 있습니다.

아이를 따로 재우는 것이 좋을까요?

요즘 아이를 가지면 흔히 준비하는 물품 중에 하나가 아기 침대입니다. 그런데 막상 아이를 키우게 되면 아기 침대를 사용할 일이 많지 않다는 걸 알게 되지요. 먼지 쌓인 아기 침대가 가뜩이나 좁은 집의 한구석을 차지하고 있는 모습을 보며 '저걸 왜 들여놨을까' 후회하는 엄마도 여럿 보았습니다.

외국에서는 아기 침대가 출산 때부터 꼭 갖춰야 할 육아 용품 중 하나입니다. 아이를 아주 어릴 때부터 따로 재우는 것이 보편화되어 있기 때문이지요. 제가 아는 사람은 프랑스 유학 중에 현지인과 결혼을 했는데, 첫아이를 낳고 아이 재우는 문제로 갈등이 많았다고 합니다. 남편과 시어머니가 아이를 따로 재우라고 하는 것은 물론이고, 아이가 자다 깨서 울어도 바로 달려가 안아 주지 말고 어느 정도 울음이 멈추면 달래 주라고 했다더군요. 마땅히 의논할 사람이 없었던 그 엄마는 결국 남편과 시어머니의 말에 따를 수밖에 없었다고요. 그런데 나중에 제게 이런 말을 한 적이 있습니다.

"처음에는 혼자 자면서 우는 아이가 너무 안쓰러웠어요. 그런데 어느새 아이가 적응을 하더라고요. 침대에서 혼자 자니까 주변 사람 때문에 아이가 깰 일도 없고, 울어도 바로 안아 주지 않으니까

보채는 일도 줄었어요."

실제로 서양에서는 엄마와 아이가 같이 자면 아이 수면의 질이 떨어진다는 연구 결과가 나오기도 했습니다. 그렇다면 처음부터 아이 혼자 재우는 것이 좋을까요?

▌좋고 나쁜 게 아닌 문화의 차이

아이를 재우는 방식은 문화에 따라 차이를 보입니다. '나'가 중요한 서양의 경우, 개인의 삶을 '우리'보다 더 중시하기 때문에 엄마가 아이에게 무조건 헌신해야 한다고 생각하지 않습니다. 이들에게는 아이 양육만큼이나 부부간의 성생활도 중요하고 엄마 자신의 개인적인 생활도 중요합니다. 이렇게 자신의 삶을 자기 의지대로 영위하는 것을 목표로 삼는 만큼, 아이를 키울 때에도 자립심을 기르기를 최우선으로 생각하지요. 하지만 동양, 특히 우리나라는 '나'도 중요하지만 '우리'도 중요한 가치로 여깁니다. 한 개인으로서의 '나'와 공동체 안에서의 '나'가 공존하는 것이지요. '내엄마'라고 하지 않고 '우리 엄마'라고 하고, '내 남편'이라는 말과 함께 '우리 남편'이라는 말을 쓰는 것은 이러한 문화를 잘 보여 줍니다.

'우리' 문화가 뿌리 깊은 우리나라에서는 아이 양육을 위해 아이가 두 돌 무렵까지 성생활을 포기하는 경우도 적지 않습니다. 하지만 그걸 두고 누구도 부인이 남편을 사랑하지 않는다고 말하지 않습니다. 오히려 엄마와 아이 사이의 유대감이 부부의 성생활보다 우선시되는 것을 당연하게 여기지요.

이러한 차이에 대해 어느 문화가 좋고 어느 문화가 나쁘다고 말할 수는 없습니다. 문화의 차이로 이해하고 해석해야 하는 문제이지요.

아이를 따로 재우기 위한 중요한 기준 두 가지

어느 편이 좋다고 말할 수 없는 또 다른 이유는, 아이마다 제각각 기질이 달라 수면 양상이 다르게 나타나고, 이에 따라 적합한 양육 방식도 다르기 때문입니다. 어떤 엄마는 제게 아이를 따로 재웠더니 갈수록 울고 보채는 일이 많아져 너무 힘들었다고 하기도 했고, 또 어떤 엄마는 따로 재우면서부터 육아가 훨씬 수월해져 결과적으로 아이에게 더 많은 사랑을 베풀 수 있었다고 하기도 했습니다. 결국 아이를 따로 재우는 문제는 아이의 기질, 부모의 양육 방식과 가치관에 따라 결정해야 하는 것이지요. 어렵게 생각하지 말고 딱 두 가지만 생각해 보세요.

첫째, 아이를 따로 재울 때 엄마 마음이 편한지 편치 않은지를 생각해 보세요. 아무리 아이를 따로 재우는 것이 자립성과 독립성을 키워 주는 등 여러모로 좋다 하더라도 엄마가 마음이 편치 않다면 아이가 좀 더 자랄 때까지 같이 자는 편이 좋습니다.

아이를 따로 재울 때 힘든 쪽은 오히려 아이보다 엄마인 경우가 많습니다. 엄마 스스로가 어릴 때부터 그런 문화에 익숙지 않기 때문에 아이와 떨어져 있는 걸 불안해하거나 못 견디는 것이지요. 이런 상황에서 억지로 아이를 떼어 놓으면 불안감과 죄책감이 생겨 육아 스트레스를 유발할 수 있습니다. 그러면 아이에게도 좋지 않은 것은 당연하지요.

둘째, 아이가 엄마와 떨어져서 견딜 수 있는지를 고려해야 합니다. 기질상 겁이 많고 불안이 있는 아이는 엄마와 떨어져 혼자 자는 것을 견디지 못합니다. 또한 아이마다 차이가 있긴 하지만 발달상 엄마와 한시도 떨어지기 싫어하는 시기도 있습니다. 이러한 사항들을 고려해 봤을 때 아이가 혼자 잠들지 못할 상황임에도 무리해서 혼자 재우면 정서 발달에 문제가 생깁니다. 간혹 '형은 안 그랬는데 얘는 왜 이렇게 혼자 잠들지 못하고 보채지?' 하는 엄마도 있습니다만, 기질이란 각자의 고유한 천성이므로 형제라도 같지 않습니다.

사실 발달학적으로 보자면, 생후 100일 정도까지는 아이가 잠잘 때 부모가 가까이에 있는 편이 안전합니다. 아이가 목을 제대로 가눌 수 없어 자칫하면 질식할 위험이 있기 때문이지요.

정리해 보자면, 엄마 마음이 편하고 아이가 혼자 자는 걸 견딜 수 있는 순간이 자연스럽게 아이를 떼어 놓을 수 있는 시기입니다. 다만 엄마에게는 무리가 없지만 아이가 혼자 자는 것을 불안해한다면, 아직 엄마와 떨어질 시기가 안 됐다는 신호로 받아들이고 그 시기를 좀 늦추는 것이 좋습니다.

걸을 수 있는데도 무조건 안아 달라고 조르는 아이, 문제 있는 건가요?

[Question 15]

0~2세 아기들은 부모의 전폭적인 사랑이 필요하므로 많이 안아 주고 웃어 주는 것이 좋습니다. 그런데 아이가 돌이 지나 혼자 걷기 시작하면 꼭 많이 안아 주는 게 좋은 것은 아닙니다. 아이가 안아 달라고 할 때는 안아 주고 평소에는 아이의 자율성을 존중해 주세요.

그 전에는 떼를 쓰며 안아 달라고 조르던 아이도 12개월이 지나면 스스로 조절을 하기 시작합니다. 엄마에게 안기고 싶으면 안기고, 안기고 싶지 않으면 안기지 않는 것입니다. 돌만 지나면 웬만한 아이는 안기는 것보다 걷는 걸 좋아합니다. 혼자 걸을 수 있다는 사실을 기뻐하는 것이지요.

그런데 2세가 되었는데도 안겨 있는 상태에서 내려오지 않으려고 하는 아이들이 있습니다. 그런 아이들은 이미 불안 장애라고 볼 수 있습니다. 밖에 아이가 무서워하는 것이 있다든지 다리가 너무 아플 때를 제외하면 정상적인 아이들은 걸어 다니는 것을 무척이나 기뻐합니다. 잘 걸을 수 있는데도 엄마 혹은 아빠한테 안겨 있으려고 하는 것은 아이를 불안하게 하는 다른 원인이 있다고 볼 수 있습니다.

걸음마를 익힌 아이들의 특징은 신기한 것을 보면 무조건 그쪽으로 걸어갔다가 나중에 엄마가 어디에 있는지 찾습니다. 그리고 엄마가 있는 것을 확인하면 안심하고 신기한 물건을 관찰하고 다시 돌아오지요. 만약 아이가 엄마나 아빠 품에서 내려오기 싫어한다면 몸이 아프거나 그 공간이 낯설기 때문입니다. 그런 경우가 아니라면 안아 달라고 조르는 일은 거의 없습니다.

아픈 아이를 키울 때 가장 신경 써야 할 것은요?

[Question 16]

예전에 비해서 아토피와 천식이 눈에 띄게 늘고 있습니다. 특히 어린아이들에게서 급격히 증가하는 추세입니다. 미국의 경우 만성적인 질환을 앓고 있는 아이가 전체 아동의 10퍼센트를 차지하고 있다고 합니다. 우리나라의 경우에도 겉으로 드러나지 않았을 뿐 충분히 그 정도 수치가 되리라고 봅니다.

만성적인 질환이 있거나 병약한 아이들을 키우는 것은 건강상의 문제도 그렇지만 건강한 아이에 비해 아이와 엄마의 관계가 나빠질 여지가 훨씬 많다는 점이 문제입니다. 약 먹기, 주사 맞기 등 아이가 싫어하는 일을 많이 시켜야 하니 그만큼 엄마와의 애착 형성이 어려워질 수밖에 없지요. 하지만 그럴수록 엄마는 온갖 방법을 동원해서 아이와 좋은 관계를 유지해야 합니다. 몸이 아파 가뜩이나 예민한 아이가 엄마와의 관계마저 나쁘다면, 정서 발달에 심각한 문제가 생길 수 있습니다. 이럴 경우 몸이 완치된다 하더라도 정서상의 문제는 계속 남아 성인이 되어서까지 장애 요인으로 작용할 수 있습니다.

아픈 아이에게 약을 먹일 때에는

병약한 아이와 엄마의 관계가 나빠지는 가장 큰 원인은 매일 치러야 하는 약 먹이기 전쟁입니다. 약을 먹어야만 하는 아이나 먹여야만 하는 엄마나 힘들기는 매한가지이지요. 덜 힘들게 약을 먹이려면 '약은 당연히 아이가 먹기 싫어하는 것'이라 단정 짓지 말고, 구체적으로 아이가 왜 약을 먹기 싫어하는지를 먼저 파악해야 합니다.

약이 써서 싫어한다면 약에 단것을 섞어 먹이면 됩니다. 어떤 아이들은 약 색깔이 싫어서 약을 거부하는데, 그럴 때는 다른 색깔의 약으로 바꿀 수 있는지 알아보고, 그럴 수 없다면 약 위에 초콜릿 등을 덧입혀 보는 것도 좋습니다. 약을 두고 아이와 정면 대결을 하기보다는 아이가 뭘 좋아하는지 이것저것 실험해서 엄마와 아이 모두 편한 방법을 찾아보세요.

저도 큰아이 경모가 어릴 때 병치레가 심해 고생을 많이 했습니다. 약을 먹일 때마다 한바탕 전쟁을 치르곤 했는데, 어느 날 아이에게 콜라를 조금 마시게 한 뒤 약을 먹이면 그나마 쉽게 약을 먹는 걸 발견했습니다. 영양학적으로야 콜라가 아이에게 좋지 않지만 당장의 약이 아이 건강을 위해서는 꼭 필요했고, 실랑이를 벌여 아이와 관계가 나빠지는 것보다는 콜라를 먹이는 게 낫다고 생각해 종종 그 방법을 이용하곤 했습니다.

만약 아이가 이유 없이 약을 거부한다면 되도록 빨리 먹여서 그 고통을 벗어나게 해 주어야 합니다. 멀리서 약봉지를 꺼내 아이가 있는 곳까지 보이게 들고 가면 아이가 우는 시간도 그만큼 길어집니다. 어쩔 수 없다면 최대한 짧고 빠르게 끝내는 게 좋습니다.

또한 아이가 약을 먹고 토해도 절대로 화를 내면 안 됩니다. 그러면 아이는 약 먹기를 더욱 싫어하게 될 뿐이지요. 토할 때를 대비해 약을 넉넉히 준비해 놓고 아이가 토하면 잘 달래서 다시 먹이도록 하세요.

두 돌 전에는 약을 못 먹는 아이가 많습니다. 인지적으로 약을 왜 먹어야 하는지 모르기 때문입니다. 두 돌만 지나면 아이는 약이 싫지만 빨리 먹고 끝내야 엄마가 좋아한다는 것을 압니다. 이런 면에서도 엄마와 아이 사이가 좋아야만 합니다. 만약 엄마와 사이가 좋지 않으면 아이는 그러한 노력을 기울일 필요를 느끼지 못하지요.

아픈 아이의 경우 가려야 하는 음식이 많습니다. 하지만 질병과 크게 상관없는 음식까지 무조건 절제시키는 것은 아이와 엄마 관계를 악화시킬 수 있고 아이에게 스트레스를 줄 수 있습니다. 제가 만난 한 아이는 아토피가 심하다는 이유로 평소에 엄마가 피자와 같은 인스턴트식품을 절대 사 주지 않았다는데 아이가 피자만 보면 울더군요. 아이의 질병에 따라 반드시 금지해야 할 음식이 아니라면 적당히 먹게 해 주는 융통성이 필요합니다.

병원에 대한 거부감도 없애 줘야 합니다

아픈 아이를 데리고 병원에 가는 것도 쉬운 일이 아니지요. 주사기와 청진기만 봐도 자지러지는 아이들이 있습니다. 약을 먹일 때와 마찬가지로 병원에 갈 때도 아이가 왜 싫어하는지 먼저 파악해야 합니다. 대부분의 아이들은 청진기의 차가운 감촉을 싫어합니다. 그러니 의사에게 청진기를 미리 따뜻하게 한 뒤 진찰해 달라고 부탁하고 아이의 시선을 청진기에서 다른 곳으로 돌려 주세요.

병원은 아이에게 두려울 수밖에 없는 곳입니다. 그런 곳을 자꾸 가자고 하는 엄마가 아이는 야속할 수밖에 없지요. 어떻게 하면 병원을 조금 더 쉽게 다닐 수 있을지 방법을 생각해 보세요. 그리고 다음의 사항도 함께 고려하기 바랍니다.

◆병원을 도구 삼아 아이를 혼내는 것은 좋지 않습니다

어떤 엄마들은 아이가 말을 안 들으면 병원 가서 아픈 주사 놓는다고 겁을 주는데, 이런 말로 인해 아이가 병원을 더 무서워하게 될 수 있습니다.

◆병원에 가는 걸 속이지 마세요

아이가 병원 가기를 싫어한다고 해서 다른 곳에 간다고 거짓말을 하면, 아이가 가진 엄마에 대한 믿음이 깨지게 되고 사람에 대한 막연한 불신이 생길 수 있습니다.

◆되도록 친절한 병원을 찾아가세요

아이가 병원 가는 일이 좋아지도록 재미있는 놀이 시설이 있거나 친절한 의사가 있는 병원을 찾아보는 것도 방법입니다.

◆병원놀이를 해 보세요

아이들은 자기가 왜 병원에 가야 하는지 잘 모릅니다. 주사를 맞은 기억만으로 막연히 두려워하는 경우가 많지요. 따라서 왜 병원에 가야 하는지 책이나 놀이를 통해서 알려 주는 것이 좋습니다.

또 한 가지 당부하고 싶은 것은 힘들었을 병원 진찰을 잘 끝낸 아이에게 보상을 주라는 것입니다. 보상이 아이의 버릇을 나쁘게 한다고들 하지만 아픈 아이에게는 예외입니다. 그래야만 두려움을 극복하고 치료에 임할 힘을 내게 됩니다. 진료가 끝나면 아이에게 잘해 줌으로써 병원에 대한 거부감을 줄여 주세요.

또래 아이에 비해 말이 늦어요

또래들은 제법 문장도 구사하고 단어도 많이 얘기하는데 내 아이는 '엄마', '아빠', '맘마' 외에 쉬운 단어 몇 개만 말한다면 어느 부모든 불안해질 겁니다. '조바심을 내지 말고 조금만 더 기다려 보자' 하고 마음을 다잡아 보지만, 다른 아이들이 말을 잘하는 것을 보면 속이 상하고 스트레스를 받는 것도 당연하지요.

그러나 언어 발달에도 때가 있으니 내 아이가 지금 정상적인 발달 상태에 있는지, 혹은 도움이 필요한지를 불안해하지 말고 면밀히 살펴보는 것이 좋습니다.

언어 발달을 판단하는 네 가지 기준

아이가 말이 늦을 때 그냥 둬도 되는지, 전문적인 도움을 주어야 하는지 알아볼 수 있는 몇 가지 기준이 있습니다. 우선 몸짓이나 표정 등 비언어적인 방법으로 의사소통을 하고 있는지 살펴보세요. 아이가 눈을 맞춘다거나 모방 행동을 하며 생각과 감정을 전달할 수 있다면 말을 잘 못해도 크게 걱정하지 않아도 됩니다. 하지만 비언어적인 방법으로도 의사소통이 불가능하다면 자폐 스펙트럼 장애와 같은 발달 장애일 수 있으니 전문의에게 진단을 받아야 합니다.

두 번째로 아이가 지능상에 문제가 없는지 확인해야 합니다. 언어 발달도 인지능력에 속하기 때문에 지능이 떨어질 때 언어 발달 역시 더딘 경우가 많습니다. 아이의 지능 발달 상태를 알아보려면 아이가 자기 나이에 맞는 놀이를 하고 있는지를 살펴보면 됩니다. 예컨대 만 3세 전후의 아이가 소꿉놀이 같은 상상 놀이를 하지 못하고 단순한 신체 놀이만 하고 있다면 지능이 떨어질 가능성이 있습니다.

세 번째로는 사회성 발달이 정상인지 살펴야 합니다. 언어는 사람 사이의 의사소통 수단이기 때문에 다른 사람에게 관심이 없으면 언어 발달도 더디게 마련이지요. 아이의 사회성 발달에 가장 큰 영향을 미치는 것은 주 양육자입니다. 주 양육자와의 관계가 원만하지 않거나 불안정하면 아이는 타인에 대한 마음의 문을 닫아 버릴 수 있습니다.

특히 출산 후 엄마가 몸과 마음이 지쳐 회복을 하느라 아이와 활발한 상호작용을 하지 못했을 경우, 아이의 사회성 발달에 문제가 생길 수 있습니다. 이러한 경우 조기에 치료를 해야 정상 발달이 가능합니다. 뇌 발달이 거의 이루어진 이후에 치료를 하면 치료 효과도 더디게 나타날 뿐만 아니라 완치가 힘들 수도 있습니다.

또한 사회성 발달에 문제가 있는 경우에는 엄마 외에 아빠를 비롯한 주변 사람의 협조도 매우 중요합니다. 아이가 사회성을 발달시킬 수 있도록 주변 모든 사람이 따뜻한 관심과 애정을 보여야 한다는 말입니다.

마지막으로, 언어 발달은 아이의 정서 상태와 밀접한 관계가 있으므로 아이가 정서적인 문제를 겪고 있는 것은 아닌지를 살펴봐야 합니다.

아이는 기분 상태에 따라서 언어 표현의 차이가 심합니다. 아이가 다른 사람의 말을 알아듣기는 하는데 평소에 우울해하고 말을 잘 안 한다면, 정서상의 문제를 살펴볼 필요가 있습니다. 준비가 안 된 상태에서 엄마와 떨어져 충격을 받았거나 친구들 사이에서 따돌림을 당한 아이는 심리적으로 많이 위축되어 정서 발달이 더딜 수 있습니다. 이 경우 언어 발달도 함께 지체됩니다. 아이 주변 환경을 잘 살펴보고 정서적인 문제가 언어 발달에도 지장을 줄 정도면 전문가와 상담하는 것이 좋습니다.

이외에도 아이가 중이염을 앓아 작은 소리를 잘 듣지 못해 그럴 수 있으므로 청력과 구강 검사를 받아 보는 것이 좋습니다.

만일 앞의 경우들과 달리 뚜렷한 원인 없이 언어 발달만 더디다면 '발달성 언어 장애'일 수 있으니 전문의의 진단을 통해 치료를 받아야 합니다.

이 모든 것은 아이가 두 돌이 지났을 때에 해당합니다. 그 이전에는 언어 발달이 본격적으로 이루어지는 시기가 아니므로 아이가 두 돌이 안 됐다면 병원을 찾기보다는 엄마가 언어적인 자극을 많이 주도록 하세요. 아이가 하는 말의 발음과 표현을 엄마가 조금씩 교정해 주고 따라 할 수 있는 간단한 단어를 반복적으로 말해 주는 식으로요.

이때 아이의 언어 능력을 키우기 위해 책을 많이 읽어 주는 부모들이 있습니다. 그러나 언어 발달은 실제 상황에서 쓰는 말을 통해 발전하기 때문에 책을 읽어 주기보다는 아이와 대화를 많이 하는 것이 훨씬 도움이 됩니다.

또 아이에게 말할 거리를 많이 만들어 주세요. 동물원이나 박물관에 가는 등 재밋거리를 많이 마련해 아이가 말을 하지 않고는 못 배기도록 만드는 것이지요. 잠들기 전에 하루 동안 있었던 일을 아이에게 알콩달콩 이야기해 주는 것도 한 방법입니다. 또한 엄마가 먼저 수다쟁이가 되어, 의성어를 많이 쓰거나 조금은 과장된 말투로 아이의 귀를 자극하는 것도 좋지요.

◆가정에서 할 수 있는 네 가지 언어 발달 자극

① 아이에게 말을 할 때는 천천히 하세요.

② 아이의 언어 수준에 맞게 처음엔 단순한 단어로 자극해 주세요.

③ 아이가 말 이외에도 표정과 손짓, 몸짓 등 다양한 방법으로 의사 표현을 할 수 있도록 도와주세요.

④ 적극적인 놀이를 통해 아이에게 말할 거리를 많이 제공해 주세요.

친정 엄마에게 아이를 맡겼는데, 아이 문제로 자꾸만 싸우게 돼요

엄마들에게 제일 만만한 사람이 친정 엄마입니다. 그래서 상황만 되면 불편하고 어려운 시댁보다 친정에 맡기고 싶어하지요. 저도 경모가 어릴 때 친정 엄마에게 아이를 맡겼는데요. 문제는 의외의 곳에서 터졌습니다. 엄마가 아이를 봐 주는데 이상하게 불안하고, 걱정이 되고, 자꾸만 못 미덥다는 생각을 하게 되었습니다. 그래서 이러면 안 되지 하면서도 자꾸만 엄마에게 잔소리를 하고, 짜증을 냈지요. 물론 엄마는 저에게 엄청 서운해하셨습니다. 자신은 최선을 다하고 있는데 딸이 계속 잔소리를 퍼부으니 그 마음이 어땠겠습니까. 나중에 알고 보니 그것은 제가 어릴 적 엄마에게 받은 상처가 튀어나오는 과정이었습니다. 어릴 적 불안정했던 엄마를 보며 불안했던 마음이 경모를 돌보는 엄마의 모습을 보며 다시 튀어나왔던 것입니다.

제가 만난 어떤 엄마는 자기 어머니가 아이에게 정성스럽게 밥을 먹이는 모습을 보는데 갑자기 화가 났다고 합니다. 어릴 적 엄마가 바빠서 언니 손에 자란 그녀는 자신을 잘 돌봐 주지 않은 엄마에 대한 원망과 상처가 있었는데 그 상처가 튀어나온 것이었지요. 저는 그녀에게 친정 엄마에게 무슨 말이 하고 싶은지 물었습니다. 그러자 그녀는 금방이라도 눈물을 터트릴 것 같은 표정으로 말했습니다. "엄마, 왜 어릴 적 나한테는 그렇게 안 해 줬어?"

어린 시절 엄마와 불안정한 애착을 형성한 경우 그 상처는 부모가 되어 아이를 기르는 과정에서 다시 튀어나오게 됩니다. 그럴 때는 친정 엄마와 그 부분에 대해 솔직하게 이야기할 수 있어야 합니다. 어릴 적 상처를 마주하고 용기를 내야 하는 거지요. 왜 서운하거나 화가 나는지 친정 엄마한테 이야기하고, 친정 엄마는 왜 그때 그럴 수밖에 없었는지 이야기하면서 문제를 해결해 나가야 합니다.

그리고 친정 엄마에게 아이를 맡긴 경우 제가 꼭 당부하는 것이 하나 있는데요. 친정 엄마한테 보상을 잘해 드려야 한다는 것입니다. 보통 시댁에 아이를 맡길 경우 돌봄 비용을 책정해서 잘 드리는 엄마들도 정작 친정 엄마한테는 돈을 거의 안 드리거나 조금만 드리는 경향이 있습니다. 시댁에 맡기면 100만 원을 드릴 엄마들이 친정 엄마한테는 50만 원도 안 드리는 경우가 허다하지요. 할머니나 할아버지가 손녀 손자를 돌보는 것은 결코 의무 사항이 아닙니다. 그러므로 경제적 보상은 당연한 것입니다. 돌봄 비용을 드리는 데 시댁과 친정을 구분할 이유는 더군다나 없습니다. 그리고 경제적 보상을 제대로 해야, 아이 문제로 의견이 부딪힐 때 친정 엄마에게도 더 당당하게 요구 사항을 말할 수 있습니다. 마찬가지로 친정 엄마도 돌봄 비용을 제대로 받으면 억울한 마음이 없이 지속적으로 아이를 잘 봐줄 수 있습니다. 그러니 불가피한 경우가 아니라면 친정 엄마한테 보상을 잘 해 드리세요. 그것이 결국 내 아이를 위한 길이니까요.

아이에 대한 시부모님의 간섭이 너무 심해요

[Question 19]

아무리 착한 사람도 결혼만 하면 '시'자가 들어간 시금치나 시래기는 쳐다보지도 않는다는 우스개가 있습니다. 그만큼 결혼한 여자에게 시댁과의 관계는 참 풀기 어려운 숙제입니다. 무조건 잘하기에는 억울하고, 거리를 두자니 편치 않은 관계. 시댁 제사, 명절 때 열 일 제쳐 놓고 시댁 일을 챙기긴 해도 그건 시부모님을 섬기는 마음에서가 아니라 '며느리'라는 자리에서 해야 하는 일을 의무적으로 하는 것일 뿐이지요. 적어도 아이를 낳기 전 저의 생각은 그랬습니다. 그런데 큰아이 경모를 낳고 시간이 흐르면서 시댁과 저 사이에 공통의 기쁨이 생겼습니다. 우리가 시댁에 내려가면 시어머니는 경모에게 더할 수 없는 사랑을 주셨습니다. 시어머니가 제 아이를 그렇게 예뻐하시는데 어떻게 시어머니를 싫어할 수가 있겠습니까. 그러다 언젠가 시어머니가 경모를 돌보는 걸 유심히 보게 되었는데, 그 모습은 저와 비슷하면서도 많이 달랐습니다.

할머니의 사랑에는 아이를 일차적으로 책임지고 있는 엄마와 달리 무한대의 허용이 있습니다. 할머니는 아이를 교육시켜야 한다는 의무감에서 한발 물러서 있기 때문에 아이의 모습을 있는 그대로 받아들입니다. 그래서 할머니는 아이를 구속하지 않고, 조건 없는 사랑을 줄 수 있지요. 그것은 엄마와는 또 다른 성숙한 모성의 발현이기 때문에 그 사랑을 받은 아이들은 정서적으로 대단한 안정감을 경험합니다.

아이가 자신의 존재를 100퍼센트 받아들이는 할머니와 애착 관계를 맺는 것은 아주 바람직한 일입니다. 아이에게는 애착을 가지는 사람이 여럿일수록 좋기 때문이지요. 케임브리지 대학에서 동생을 맞은 학령 전 아동들을 연구한 결과, 엄마하고만 배타적 애착이 형성된 아이는 다른 어른들과도 애착을 가진 아이들에 비해 동생에게 훨씬 더 부정적인 것으로 나타났습니다. 동생에 대한 미움이 몇 년간 지속되는 경우도 있었어요. 이 연구 결과는 많은 어른 틈에서 자란 아이가 사회적으로 훨씬 더 잘 적응한다는 사실을 보여 줍니다.

그러므로 시댁 때문에 괴롭더라도 아이들이 할머니의 사랑을 받을 기회는 충분히 제공하는 것이 좋습니다. 엄마 때문에 할머니의 사랑을 마음껏 받지 못하는 아이를 만들지 말라는 말입니다. 하지만 시부모님의 아이에 대한 간섭이 지나치다면 그때는 단호히 입장 정리를 해서 선을 긋는 것이 좋습니다.

이를테면 시어머니가 며느리에게 "애는 대충 키워야 잘 크는데 너는 너무 끼고만 사는 거 아니니? 그렇게 과잉보호하다가는 아이 망친다"라고 했다면, 그 말은 맞을 수도 있고 틀릴 수도 있습니다. 매일 아이를 체크하는 엄마보다 따로 사는 시어머니가 아이를 더 잘 알 수는 없기 때문이지요. 명절 때 오랜만에 대가족이 모두 모여 식사를 하는데 손자가 밥을 안 먹고 이리저리 돌아다니면 분명히 시아버지는 한마디 하게 마련입니다.

"도대체 어떻게 아이를 길렀기에 아이가 이 모양이냐?"

워낙 에너지가 많은 기질을 타고난 아이라 어쩔 수 없는 부분이 있는데 그런 말을 들으면 기분이 상할 수밖에 없어요. 그렇다고 아이를 크게 혼내서 밥상에 앉히지는 말아야 합니다. 시부모님에게 잘 보이고 싶다고 소중한 아이를 희생양으로 만들어서는 안 된다는 것입니다. 되도록 그런 말들은 한 귀로 듣고 한 귀로 흘려보내는 편이 좋습니다. 엄마에게는 아이를 최우선적으로 보호해야 할 의무가 있음을 기억하세요. 만약 그렇지 못하고 엄마가 모호하게 시댁 어른들에게 끌려다니면 아이한테 부정적인 영향을 미칠 수 있습니다.

시부모님과 같이 살면서 육아관의 충돌로 자주 부딪치는 경우도 마찬가지입니다. 시어머니의 말을 거역하느냐, 순종하느냐가 선택의 기준이 되어서는 안 됩니다. 아이의 미래를 위해서 절대로 해서는 안 되거나 꼭 해야 할 일이 있는데, 그것 때문에 부딪친다면 '한 번 나쁜 며느리가 되고 말자'라는 결심이 필요합니다. 그런 문제가 아니라면 현명하게 행동하세요. 시어머니와 정면으로 부딪치려 하지 말고 서로 조금씩 양보하며 아이를 위한 최선의 길을 찾아보는 것이 좋습니다.

일과 육아를 병행하는 엄마들을 위한 특별한 스트레스 관리법이 있을까요?

[Question 20]

고백하건대 저는 아이를 낳기 전까지만 해도 일과 육아를 병행하기가 어렵다는 말에 동의하지 않았습니다. 그만큼 노력하지 않았기 때문이라고 생각했어요. 그러나 큰아이 경모를 키우며 저는 노력으로 안 되는 세상이 있음을 알게 되었습니다. 제 인생에 처음으로 '빨간 불'이 켜졌어요. 그저 모든 게 막막하게만 느껴졌습니다. '분명히 아이는 내가 낳았는데 어쩌면 이렇게 아이를 이해하기가 힘들까' 하는 생각에 아무 일도 하기 싫고, 매사에 짜증만 났습니다. 그러다 저도 모르게 눈물이 나기도 했고, 인생에 회의가 들기도 했습니다. 그사이 몸무게가 7킬로그램이나 빠졌어요. 그래도 명색이 소아 정신과 의사인데 말입니다.

딱 3년 동안은 ○○ 엄마로만 살아야 합니다

그래서인지 일하는 엄마들을 보고 있노라면 너무나 안타깝습니다. 항상 퀭한 눈빛으로 하루하루를 버티며 '이게 정말 사는 건가', '내가 정말 이것밖에 못하는 사람인가' 하는 생각에 사로잡힌 그들에게 무슨 말을 해 줄 수 있을까요. 그 어려움을 잘 알지만, 저는 눈을 질끈 감고 말합니다.

"딱 3년만 죽었다 생각하고 참으세요."

스트레스 관리법이라고 내놓은 답이 참으로 어이없을 것입니다. 죽을 것처럼 힘든 사람을 사지로 내모는 말로 들릴 수도 있을 테고요. 그러나 그것은 제가 드릴 수 있는 최선의 답입니다. 아이가 세돌이 될 때까지 이어지는 육아 과정은 '나'라는 사람이 죽고 '○○ 엄마'라는 사람이 태어나는 고통스러운 과정입니다. 밤잠을 설치며 수시로 깨는 아이를 달래고, 젖 먹이고, 빨래며 청소를 하느라 밥도 제대로 먹지 못합니다. 직장에서는 '그럴 거면 집에 가서 애나 보지'라는 말을 듣지 않기 위해 더 열심히 일해야 하지요. 게다가 아이를 키우다 보면 내 의지와 상관없이 예측 불가능한 일이 언제 어디서 터질지 모릅니다. 아이는 언제나 갑자기 아프고, 갑자기 다치기 마련이니까요. 그래서 24시간 내내 온 신경을 곤두세우고 있어야 합니다. 그런 날이 언제 끝날지 모른다고 생각하면 미치지 않고 살아 있는 것만도 천만다행입니다.

그러나 엄마 자신의 욕구를 완전히 제쳐 놓고 아이만을 위해 사는 시기는 3년이면 끝납니다. 아무리 늦어도 3년만 지나면 아이는 스스로 작은 일상들을 처리해 나갑니다. 무엇보다 아이가 세 돌쯤 되면 말이 통하기 때문에 돌보기가 훨씬 수월해집니다. 그러나 그 기간을 견디지 못하고 아이 돌보기를 외면하거나 우울증에 빠져 버리면 아이는 아이대로 병이 나고, 엄마는 엄마대로 더 불행해집니다. 도둑질하기, 거짓말하기, 떼쓰기, 때리고 도망가기 등 부모를 속 터지게 만드는 아이들의 모든 행동은 첫 3년 동안 잘 돌보지 못해서 생긴 것이라고 해도 과언이 아닙니다.

그러니 3년만 죽었다고 생각하고 견뎌 내세요. 대신 '슈퍼우먼'이 되겠다는 생각은 하지 않는 것이 좋습니다. 아이는 절대 혼자 키울 수 없습니다. 아무리 위대한 엄마라도 그것은 불가능합니다. 그러니 애초에 남편이든 부모님이든 형제든 보모든 최대한 많은 사람을 적극적으로 활용할 방법을 찾아보세요. 그 기간에는 돈 벌 생각 또한 포기하는 게 낫습니다. 차라리 월급을 다 써서라도 고된 일들을 줄일 방법을 생각해 보세요. 3년 집안일을 소홀히 한다고 집이 무너지지는 않습니다. 그저 아이를 잘 키우는 데만 집중하세요.

직장에서도 일등이 되겠다는 생각을 버리고 잘리지 않을 정도로만 일하겠다고 생각해야 합니다. 그래야 죄지은 사람처럼 눈치 보며 마음고생할 일이 하나라도 줄 테고 오히려 주어진 일에 최선을 다할 수 있어요. 아이는 사랑스럽지만 그 아이 때문에 포기해야 할 것이 생기면 억울한 마음이 들 수밖에 없습니다. 그러나 그렇게 3

년을 잘 보내고 나면 알게 될 것입니다. 왜 아이를 낳은 것이 세상에서 가장 잘한 일이라는 생각이 드는지 말입니다.

Part 1

1세
(0~12개월)

신체 발달이 곧 심리 발달을 의미합니다

세상에 태어나 1년 동안 아이는 눈부신 성장을 거듭합니다. 반사 반응이 전부였던 신생아기를 지나 몸을 뒤집고, 혼자 앉고, 기고, 걸음마를 하면서 자신의 의지대로 몸을 움직이게 됩니다.

태어나서 돌까지는 몸과 마음이 분리되지 않는 시기입니다. 때문에 이 시기의 이러한 신체 발달과 심리 발달은 밀접히 연관되어 있습니다. 그러므로 이 시기에는 규칙적으로 먹이고, 기저귀를 제때 갈아 주고, 정해진 시간에 자게 해서 최상의 몸 상태를 유지하는 것과 우는 아이를 무조건 달래서 나쁜 감정을 갖지 않게 하는 것이 최고의 육아입니다.

같은 자극과 같은 반응을 통해 인지 및 정서 발달

6개월 이전의 아이들은 눈으로 보고 생각을 통해 세상을 알아 가는 것이 아니라 감각으로 세상을 알아 갑니다. 그중에서도 청각과 후각에 민감해서 목소리와 냄새로 엄마를 구별합니다. 청각의 경우 아이들이 엄마 배 속에 있을 때부터 발달하기 시작합니다. 그래서 태어나자마자 엄마의 목소리를 들려줘도 엄마가 있는 쪽으로 고개를 돌리지요.

이런 청각과 후각은 매일 같은 목소리를 듣고 같은 냄새를 맡을 때 더욱 발달하게 됩니다. 특히 후각은 뇌의 정서 발달과 관련된 부분과 바로 연결되어 있는 감각으로 매일 같은 냄새를 맡으면 정서 발달에도 도움이 됩니다.

그러므로 이 시기에는 여러 사람이 왔다 갔다 하며 다양한 목소리를 들려주는 것도 좋지 않고, 주 양육자가 자주 바뀌어서 이런저런 냄새를 맡게 하는 것도 그다지 좋지 않습니다. 돌 전의 아이에게는 매일 같은 목소리를 듣고, 매일 같은 냄새를 맡고, 같은 방식으로 먹고 자는 등 규칙적이고 안정감 있는 생활이 무엇보다 중요합니다.

규칙적인 생활은 아이들의 인지 발달에도 큰 영향을 미칩니다. 배가 고파 '앙' 하고 울 때, 엄마가 부드럽게 안아 주고 먹을 것을 주는 것이 반복되면 아이는 자신의 행동이 가져오는 결과를 예상하고 기대하게 됩니다. 그런데 배고파 울어도 먹을 것을 주지 않고 기저귀가 축축한데도 갈아 주지 않으면, 아이는 자신이 만족할 만한 결과가 나타나지 않은 것에 당황하여 인지 발달을 제대로 해 나갈 수 없게 됩니다. 세상과 부모에 대한 불신만 커질 뿐이지요.

막 태어난 아이는 자신이 느끼는 모든 불편한 감각을 울음으로 표현합니다. 엄마 배 속에서 엄마와 하나가 되어 편안하게 살던 아이에게 세상은 춥고 무서운 곳입니다. 안정적인 '밥줄'도 끊겨 수시로 배가 고프고, 때로는 추워지고 때론 더워지고, 기저귀로 인해 축축한 느낌까지 더해져 하루 중 편안한 때가 얼마 되지 않습니다. 그러니 부모는 아이가 울음으로 기분 나쁘다는 것을 표현할 때마다 즉시 해결해 주어야 합니다.

엄마와의 관계가 세상의 전부

아이가 태어나는 순간부터 아이와 엄마의 애착 형성이라는 중요한 과제가 주어집니다. 단, 엄마가 주 양육자일 때 말이지요.

이 시기에는 아이가 울면 달려가서 안아 주고, 배고파하면 젖을 주고, 기저귀를 잘 갈아 주고, 때가 되면 재워 주는 따뜻한 보살핌이 무엇보다 중요합니다.

그런데 아이에게 맞추기보다는 자기 기분대로 하는 엄마들이 있습니다. 그 대표적인 예가 우울증에 걸린 엄마들이지요. 이런 엄마들은 어떤 때는 아이가 울면 바로 달려가고, 어떤 때는 아무리 울어도 안아 주지 않습니다. 소변을 봐도 기저귀를 잘 갈아 주지 않고, 아이에게 말도 잘 걸지 않습니다. 그러면 아이도 이상하다는 것을 느끼게 됩니다. 이렇게 자란 아이들은 밤에 자지 않고 보챈다거나, 잘 먹지 않는 등 여러 가지 문제를 일으킵니다.

이런 문제로 병원을 찾는 경우, 엄마에게 그 원인에 대해서 설명하면 이렇게 이야기하곤 합니다.

"애가 뭘 알아요?"

이 시기의 아이들은 모든 것을 감각으로 느끼고 몸으로 기억합니다. 또한 태어난 지 얼마 안 된 아이들은 자신과 엄마를 구분하지 못합니다. 즉 엄마가 나이고, 내가 엄마라고 느끼지요. 엄마가 기분 나쁘면 아이도 기분 나빠하고, 엄마가 즐거워하면 아이도 즐거워합니다. 때문에 항상 웃는 얼굴과 따뜻한 목소리로 아이를 대해야 합니다. 그래야 아이는 엄마를 믿고, 세상은 편안하고 따뜻한 곳이라 생각하며 성장하게 됩니다.

맞벌이의 경우 엄마보다 주 양육자를 더 좋아해야 정상

맞벌이를 하는 엄마들은 아이를 낳은 지 얼마 안 된 상태에서 현업에 복귀하는 경우가 많습니다. 그러면 어쩔 수 없이 아이를 할머니나 육아 도우미 등 다른 사람에게 맡겨야 하지요. 이때는 엄마가 아니라 아이를 돌봐 주는 사람이 주 양육자가 됩니다.

아이를 다른 사람에게 맡길 때 가장 중요한 것은 한 사람이 꾸준히 아이를 돌보는 것입니다. 돌보는 사람이 수시로 바뀌거나 순번제로 돌아가면서 아이를 볼 경우 냄새나 목소리 등 감각적 자극이 불규칙적이기 때문에 아이 정서에 좋지 않습니다.

이 시기의 아이들은 엄마를 정확하게 구분하지 못해 자기와 가장 많은 시간을 보내는 사람을 좋아하게 됩니다. 그러니 만약 아이가 엄마보다 주 양육자인 다른 사람을 더 좋아하고 따른다면 이는 지극히 정상적인 것입니다. 엄마 마음은 아프겠지만 주 양육자가 그만큼 아이를 잘 돌보는 것이므로 고마워해야 할 일이지요.

반대로 아이가 엄마만 보면 너무 반기고 주 양육자에게 가지 않으려 한다면, 이는 주 양육자가 안정적인 보육 환경을 제공하지 못하고 있는 것으로 봐야 합니다. 예컨대 할머니가 아이를 보면서 하루 종일 텔레비전만 틀어 놓고 있다거나, 낯선 환경에 데려가는 것이 좋지 않은 시기의 아이를 업고 온 동네를 다니면서 이 사람 저 사람을 만나게 한다면 아이는 안정적으로 애착 관계를 형성할 수 없습니다.

아이마다 기질이 달라요

아이마다 감각에 반응하는 정도가 다릅니다. '배가 고프다'는 감각을 느꼈을 때 얼굴을 찡그리는 정도로 반응하는 아이가 있는가 하면, 숨이 꼴깍 넘어갈 듯 우는 아이도 있습니다. 이 같은 차이는 아이의 기질로 인한 것입니다. 기질이란 타고난 유전적이고 생물학적인 바탕을 뜻하지요. 말도 못 하는 아이에게 까다롭다거나 순하다고 하는 것은 이런 기질을 두고 하는 말입니다. 기질에 대한 연구는 오랫동안 계속되고 있는데, 그동안의 연구를 종합하면 아이를 크게 세 가지 유형으로 나눌 수 있습니다.

◆순한 아이

일반적으로 순하다고 이야기하는 아이들입니다. 이런 유형의 아이들은 먹고, 자고, 싸는 등의 생리적 리듬이 일정하고, 새로운 상황에 쉽게 적응합니다. 행복하고 편안한 감정을 갖고 있기 때문에 부모가 키우기에 편하다고 느끼는 경우가 많습니다. 키우기가 편한 만큼 자칫 자극과 사랑을 주는 것에 소홀해지지 않도록 주의해야 합니다.

◆까다로운 아이

생리적 주기가 불규칙하고 외부 자극에 예민하게 반응하는 아이들입니다. 새로운 상황에 민감하고, 적응하는 데 오랜 시간이 걸리곤 합니다. 때문에 이 기질을 가진 아이를 둔 부모는 아이를 키우는 데 어려움을 느끼는 경우가 많습니다. 부모의 감정을 삭이고 아이의 감정과 반응을 잘 받아 주는 것이 중요합니다.

◆늦되는 아이

순하다는 이야기를 듣는 편이지만 새로운 환경에서 적응이 늦는 아이들을 말합니다. 감정 표현에 적극적이지 않고, 낯선 경험에 대해서는 일단 거부 반응을 보입니다. 하지만 일단 적응을 하고 난 후에는 긍정적인 반응을 보이므로, 이런 유형의 아이들은 다그치지 말고 아이가 적응할 수 있는 충분한 시간을 주는 것이 좋습니다.

기질이 순하다고 좋은 것은 아닙니다

일반적으로 기질이 순하면 좋고 까다로우면 좋지 않다고 생각하는데 꼭 그렇지는 않습니다. 부모 입장에서야 기질이 순한 아이를 키우면 편할 수 있지만 앞서 지적한 것처럼 성장에 필요한 관심과 사랑을 주는 데 소홀해지면 문제가 나타나기도 합니다. 특히 쌍둥이를 키울 때 한 아이는 순하고 다른 한 아이는 까다로울 경우, 순한 아이는 방치될 확률이 높으니 주의해야 합니다.

또한 아이의 기질이 까다롭다 하더라도 환경을 잘 맞춰 주면 아무런 문제가 생기지 않습니다. 만약 아이는 까다로운 기질을 타고났는데 돌보는 사람이 자주 바뀐다거나, 부모가 매일 싸워서 아이를 놀라게 하는 등 환경이 나쁘면 아이의 기질이 더욱 심화됩니다.

아이의 기질과 함께 반드시 생각해 봐야 할 것이 부모 자신의 기질입니다. 부모와 아이의 기질 궁합이 맞지 않을 때에도 문제가 생길 수 있기 때문이지요. 예컨대 엄마가 예민한데 아이마저 예민하면 엄마는 그 아이를 잘 대할 수 없습니다. 이 경우에는 오히려 아이가 순하면 충분한 관심과 사랑을 쏟게 되지요. 부모가 먼저 자신의 기질을 파악하고, 아이에게 부모의 기질로 인한 피해가 생기지 않도록 노력해야 합니다.

이렇게 아이의 타고난 기질은 환경의 영향을 받으며 긍정적으로, 혹은 부정적으로 발휘됩니다. 세 돌까지 아이의 뇌는 외부의 영향을 받아 구조와 기능이 많이 변하니까요. 아이를 잘 기르고 싶다면 아이의 기질에 맞춰 환경을 조절하는 지혜가 필요합니다.

지나친 시각 자극은 뇌 발달 저해

청각과 후각을 통해 세상을 알아 가던 아이들은 생후 6개월이 되면서부터 시각이 발달하게 됩니다. 눈으로 사물을 구분하고, 부모와 다른 사람들을 구분하기 시작하는 것이지요. 이런 발달 특성을 알고 이 시기의 아이에게 학습용 영상을 보여 주는 부모가 있는데, 이는 오히려 아이의 뇌 발달을 저해합니다. 보통 아이들의 뇌 발달 순서를 보면 정서와 사회성의 뇌가 먼저 발달하고, 그다음 인지 기능의 뇌가 발달합니다. 뇌의 구조로 보았을 때는 정서 및 사회성 발달을 조절하는 부분인 변연계가 먼저 발달하고, 그다음에 인지 기능을 담당하는 대뇌 피질이 발달하지요.

한창 변연계가 발달하는 이 시기에 아직 깨어나지도 않은 대뇌 피질을 자극하면, 뇌 발달이 제대로 이루어지지 않아 뇌 발달 장애가 나타날 수 있습니다. 한창 정서 및 언어 자극이 필요한 시기인데 감정 표현과 언어 표현을 해 주지 않고 학습용 영상 앞에만 앉혀 놓으면 뇌 기능 저하로 언어 장애 등 다양한 문제가 생길 수 있습니다. 컴퓨터로 치면 하드웨어를 망가트리는 것이지요.

이 시기 육아 원칙은 과유불급(過猶不及)이 되어야 합니다. 즉 지나친 자극은 모자라는 것보다 못하다는 것이지요. 아이들은 자기가 필요한 자극은 스스로 찾아다닙니다. 싱크대에서 그릇들을 꺼내어 어질러 놓기도 하고, 전화기를 두드려서 망가트리기도 합니다. 그리고 자신이 원하는 자극의 강도를 스스로 조절합니다. 까다롭고 예민한 아이들은 자신이 감당하기에 힘든 자극이 오면 피해 버리고, 탐색을 좋아하는 아이들은 아무것이나 만지려고 달려들지요. 이것이 모두 자신의 뇌 발달에 맞게 반응하는 모습입니다. 부모는 그저 이것을 다 받아 주기만 하면 됩니다. 버릇을 가르친다고 엄하게 대하거나 두뇌를 발달시킨다고 아이가 원하는 것 이상으로 시각적 자극을 주게 되면 뇌 발달에 이상을 초래할 수 있습니다.

이유식도 아이한테 맞는 방법으로

아이가 백일이 넘어가면 부모는 슬슬 이유식을 준비합니다. 그러다 생후 6개월쯤 본격적으로 이유식을 시작하게 되지요. 이때가 되면 시간적·정신적 여유가 없는 엄마들은 좀 편해지리라 기대를 합니다. 이제 매일 젖병을 소독하고 아이가 울 때마다 종종거리며 분유를 타거나 가슴을 들추지 않아도 될 테니까요. 그러나 현실은 그렇지 않습니다. 오히려 더 난항인 경우가 많지요. 아이가 젖이 아닌 새로운 맛을 접하고, 쪽쪽 빨아 먹는 것이 아니라 이와 잇몸으로 씹어 삼키는 새로운 방식을 익혀야 하기 때문입니다. 무난

하게 이유식에 적응하는 아이들도 있지만 후각이나 촉각이 민감한 아이들은 이유식을 게워 내고 거부하기도 합니다.

이때부터 먹는 것을 두고 엄마와 아이의 줄다리기가 시작됩니다. 이 고비를 잘 넘기지 못하면 자라서까지 먹는 것을 싫어할 수 있으므로 주의해야 합니다. 정성껏 만든 이유식을 아이가 한 입 겨우 먹고 입을 다물어 버리면 엄마는 정말 속이 상하고 화가 나기도 할 것입니다. 그러나 그 화를 아이에게 표현하면서 억지로 먹이려고 하면 아이는 세상이 괴롭게 느껴질 수밖에 없습니다. 심하면 먹는 것 하나로 인해 식이 장애와 애착 장애가 나타날 수도 있지요.

아이의 반응을 잘 살피는 엄마들은 아이가 이유식을 잘 먹지 않으면 '아직은 이유식을 잘 먹지 않는구나, 좀 기다리자' 하고 생각합니다. 더 좋은 엄마는 실험을 해 봅니다. '이것은 잘 먹지 않는구나', '다른 것은 뭐가 있을까?', '먹이는 방법의 문제일까?' 등 분석을 시작하고 아이에게 맞는 방법을 찾는 것이지요. 귤은 먹는데 죽은 안 먹는다고 하면 죽에 귤즙을 살짝 타서 주는 식으로 말입니다. 이렇게 하면 아무리 까다로운 아이라도 서서히 이유식에 적응할 수 있습니다.

낯가리는 아이 보호하기

6~8개월이 되면 아이는 자기를 돌봐 주고 사랑해 주는 엄마와 다른 사람을 구별하게 됩니다. 낯을 가리기 시작하는 것이지요. 그

래서 잠시라도 엄마와 떨어질라치면 불안해합니다. 엄마가 등만 돌려도 큰 소리로 울어 엄마를 꼼짝달싹 못 하게 하고, 지나가는 어른들이 예쁘다며 쳐다만 보아도 울음을 터트리지요.

아이가 낯을 가린다는 것은 사람을 구분할 수 있을 정도로 지능이 발달했다는 의미입니다. 그런가 하면 익숙한 사람 외에 다른 사람을 믿지 못한다는 것은 아직 사회성이 발달하지 않았다는 뜻이지요. 그렇다고 아이가 낯을 가릴 때 빨리 낯가림을 없애 주겠다는 생각에서 이 사람 저 사람에게 아이를 안겨 주는 것은 좋지 않습니다. 이런 행동은 아이의 낯가림을 더 심하게 할 뿐 아니라 더 견고해져야 할 엄마와의 애착 관계에도 좋지 않은 영향을 미칩니다. 아이 입장에서는 '나에게는 세상의 전부인 엄마가 자꾸 다른 사람에게 나를 보내려 하는 것'으로 생각할 수 있으니까요.

아이가 낯가림을 할 때 엄마는 아이가 안심할 수 있도록 자주 안아 주고 업어 주면서 아이 시야 안에 머물러야 합니다. 그래야만 아이는 엄마의 든든한 사랑을 바탕으로 '이 세상은 괜찮은 곳이구나' 하는, 세상에 대한 기본적인 신뢰를 쌓아 가게 됩니다.

몸놀림이 자유로워진 아이들, 안전을 최우선으로

누워만 있던 아이가 앉고, 기고, 서더니 첫돌 전후에는 제법 자신이 원하는 대로 몸을 움직일 수 있게 됩니다. 부모들은 이때부터 아이 키우는 재미를 느낀다고 하지요. 아이의 뜻을 알아차리기 쉬워지고, 아이의 예쁜 짓에 행복해지는 것도 이때입니다.

하지만 활동량이 늘어나는 만큼 육아가 힘들어지는 시기이기도 합니다. 여기저기 다니며 살림을 다 뒤져 놓고, 요구도 많아지고, 떼도 늘어나니까요.

이때 가장 신경 써야 할 것은 안전입니다. 이 시기의 아이들은 모방 행동을 많이 하기 때문에 부모가 하는 것을 보고 무엇이든 따라 하고, 눈에 보이는 모든 물건이 장난감이 됩니다. 그러니 위험한 것은 아이 눈에 보이지 않는 곳으로 치워야 합니다. 특히 아이가 방 안에 들어가 얼떨결에 톡 튀어나온 꼭지를 눌러 방문을 잠가 버리고는 나오지 못해 우는 경우도 있습니다. 저도 이런 경험이 있지요. 경모가 돌 무렵이었을 때 방문이 잠기는 바람에 그 안에 갇혀 울고 있어 결국은 방문을 부수고 들어갔습니다. 이럴 경우를 대비해 각 방의 열쇠를 모아서 잘 보관해 두는 것이 좋습니다.

안전에 대한 의식이 없는 아이들인 만큼 다쳐서 상처가 생기거나 화상을 입는 경우도 많습니다. 하지만 이 시기에 다치면 아이도 부모도 너무 힘듭니다. 아닌 말로 정말 '다치면 끝장'입니다. 상처를 치료하다 보면 아이는 아이대로 짜증이 늘고 부모는 부모대로 힘들어서 아이가 원하는 사랑과 관심을 제대로 주지 못하고, 아이역시 그 시기에 해야 하는 발달을 하지 못할 수 있으므로 특히 주의해야 합니다.

Chapter 1

아이 울음

우는 아이를
자꾸 안아 주면

버릇이 나빠지나요?

아이 울음에 관한 초보 부모들의 고민은 한두 가지가 아닙니다. 우는 아이 때문에 하던 일을 놓고 달려가야 하고, 밤에도 잠 안 자고 울어 대니 잠 한번 푹 잘 수기 없지요. 부모들에게 가장 힘든 것은 아이가 왜 우는지 이유를 알 수 없다는 겁니다. 기저귀도 멀쩡하고 방금 전에 우유까지 먹였는데 아이가 울음을 멈추지 않으면 때리고 싶다는 생각까지 들 정도이지요. 제가 아는 사람 중엔 우는 아이를 붙잡고 함께 엉엉 울어 버렸다는 엄마도 있습니다.

하지만 잊지 말아야 할 것은, 말을 배우기 전까지 울음은 아이의 유일한 의사 표현의 수단이라는 것입니다. 아이는 대부분 이유 없이 울지 않습니다. 그러니 아무리 힘이 들더라도 아이의 울음을 모른 척하지 마세요. 울음은 아이가 엄마를 부르는 몸짓 언어입니다.

✸ 아이가 울 수밖에 없는 이유

세상에서 아이를 돌보는 일만큼 힘든 일은 없습니다. 어느 육체 노동 못지않은 체력을 요하고, 정신적인 스트레스도 만만치 않습니다. 그 어느 것 하나 엄마의 손길이 필요하지 않은 게 없어 온종일 아이에게 매달려 있다 보면 감옥에 갇힌 기분마저 들 정도입니다. 이 고통이 하루 이틀 지나 사라지는 것이 아니라 최소한 아이가 걷고 말할 때까지는 매일 계속된다는 생각을 하면 앞이 까마득하지요. 특히 이유도 없이 아이가 계속 울면 때리고 싶은 마음까지 생기는 게 사실입니다.

하지만 아이의 입장에서 한번 생각해 볼까요. 세상에 태어나기 전에 아이는 따뜻하고 편안한 자궁 안에서 아무 걱정 없이 10개월을 보냈습니다. 소음도 없고, 자극적인 빛도 없고, 배고픔도 모르고, 밤낮 구별 없이 먹고 자고 숨 쉬며 안락한 생활을 하고 있었지요. 그러다가 어느 날 갑자기 세상에 내던져졌습니다. 갑자기 세상이 추워졌고, 도통 알아들을 수 없는 시끄러운 소리가 들리고, 자극적인 빛이 온몸을 공격해 옵니다. 갑자기 뒤바뀐 이 모든 것이 아이에게는 공포 그 자체입니다. 그런데 아이 스스로 할 수 있는 일이란 아무것도 없습니다. 그저 몸을 움츠리거나 손발을 허우적거리는 정도밖에요. 거기에 '먹고살기 위해' 젖을 힘껏 빠는 노동까지 해야 합니다. 아랫도리가 젖어 불쾌한 감정이 들어도 어찌할

도리가 없고요. 아이 입장에서 이것은 무척 억울한 상황입니다.

이때 아이가 자신의 불안한 감정과 원하는 것을 표현하는 유일한 방법이 바로 '울음'입니다. 아이는 우는 것밖에는 달리 아무것도 할 수가 없습니다. 그러니 있는 힘을 다해서 목청껏 울 수밖에 없지요.

그 와중에도 아이는 세상에 적응하기 위해 노력합니다. 상태에 따라 다른 울음소리를 내기도 하고, 기분이 좋을 때는 살짝 미소를 짓거나 가르랑가르랑하는 소리를 내면서요. 그때는 또 아이가 얼마나 예쁩니까.

문제는 아이로 인해 기쁨을 느끼는 순간이 고통스러운 시간에 비해 너무 짧다는 데 있습니다. 그래서 부모 눈엔 아이가 하루 종일 울고 보채는 것처럼 보이는 거고요.

이이는 울 수밖에 없습니다. 오히려 울지 않는다면 감각 발달이 그만큼 더디다는 증거입니다. 그러니 어떻게 보면 아이가 우는 것만큼 다행스러운 일이 없는 것이지요. 괴롭더라도 조금만 참아 주세요.

❋ 아이가 울 때에는 바로 대응해 주세요

이 시기의 아이들은 울음이라는 하나의 언어를 가지고 이리저리

변주하며 세상과 소통합니다. 그런 까닭에 부모는 아이의 울음에 즉각적으로 대응해 주어야 합니다. 아이가 자신이 아는 유일한 세상인 엄마에게 말을 걸었는데 아무 반응이 없다면 아이는 좌절을 느끼고 세상을 불신하게 됩니다.

특히 생후 3개월까지는 가능한 한 빨리 아이의 욕구를 충족시켜 주는 것이 부모가 해야 하는 가장 중요한 일입니다. 욕구가 바로바로 충족되면 아이는 세상에 대해 안정감을 갖고 이를 바탕으로 건강한 자아상을 갖추게 됩니다. 반대로 욕구 충족이 늦어지면 불안과 공포를 느끼게 되고, 세상을 부정적으로 바라보게 되며, 까다로운 성향을 갖게 되지요. 또한 그 때문에 더욱 자주 울게 됩니다. 이런 악순환이 거듭되다 보면 엄마와의 관계에도 당연히 부정적인 영향을 미칩니다.

어떤 엄마는 이렇게 묻기도 합니다.

"운다고 자꾸 안아 주면 버릇이 나빠지지 않을까요?"

서양 이론 중에는 아이가 울 때 바로 가지 말고 조금 기다렸다가 가라는 주장도 있긴 합니다. 어느 육아 관련 웹사이트에는 아이가 귀찮을 정도로 울면 청소기를 틀어 놓으라는, 출처를 알 수 없는 글도 올라와 있더군요. 이와 비슷한 내용이 방송 등 여러 매체에 나오고 있지만, 진위 여부를 떠나 무조건적인 사랑을 줘야 할 시기의 아이를 두고 이런 방법을 얘기한다는 것이 안타까울 따름입니다.

우는 아이를 안아 준다고 버릇이 나빠지는 것은 아닙니다. 오히려 아이가 울 때 그대로 방치하면 성격이 좋지 않은 아이로 자랄 수 있습니다. 아이가 배가 고파서, 기저귀가 젖어서, 혹은 엄마가 그리워서 울었는데 엄마가 늦게 오거나 갑자기 시끄러운 청소기 소리가 들리면 어떻겠습니까. 이렇게 욕구가 충족되지 않는 경험이 계속되면 실망이 쌓이고 좌절하여, 앞서 말한 것처럼 세상을 믿지 못하게 됩니다. '엄마가 나를 사랑하지 않나 보다', '나는 별로 중요하지 않은 사람이구나' 하고 생각하게 되는 거지요. 결국 아이는 세상을 부정적으로 보고, 소심하며 매사에 자신감 없는 사람으로 자라게 됩니다. 아이에게 긍정적인 생각과 마음을 심어 주기 위해서라도, 아이의 울음에는 바로 대응해 주어야 합니다.

＊ 울음만 잘 달래 줘도 발달 과업 완수

앞서 말한 대로 아이가 태어난 직후의 가장 중요한 발달 과업은 세상에 대한 신뢰감을 형성하는 일입니다. 이를 '기본 신뢰감(Basic Trust)'이라고 하지요. 기본 신뢰감이란 세상에 태어나 처음 만나는 존재, 즉 엄마를 향한 신뢰감을 말합니다. 단, 이 시기의 주 양육자가 엄마가 아닌 다른 사람이라면 그 사람에 대한 신뢰감이 곧 기본 신뢰감입니다. 아이는 이 기본 신뢰감을 바탕으로 세상에 대한 신뢰감의 영역을 점차 넓혀 갑니다. 쉽게 말해 이때 형성된 신뢰감이 바로 대인관계의 바탕을 이룬다고 보면 됩니다. 또한 앞으로의 사회생활에도 중대한 영향을 미칩니다. 생후 초기의 주 양육자가 중요한 이유도 바로 이 때문입니다.

엄마의 역할은 이렇게 막중합니다. 그중에서도 아이가 울 때에 적극적으로 반응해 주고, 달래 주고, 원하는 것을 채워 주는 것은 기본 신뢰감을 쌓아 가는 아주 중요하고 구체적인 방법입니다. 아이의 울음을 달래 준다는 것은, 아이의 입장을 이해해 주고 아이가 요구하는 것을 들어주며 혼자 힘으로 못 해내는 것을 도와주는 사랑의 표현입니다. 이런 과정을 통해 아이는 긍정적인 성격을 가진 밝고 명랑한 아이로 성장할 수 있습니다. 그러므로 아이가 울 때 달려가 안아 주고 울음이 멎도록 노력하는 것만으로도 이 시기의 발달 과업이 어느 정도 완수된다고 할 수 있습니다.

✽ 운다고 젖부터 물리지는 마세요!

아이가 울 때 일단 젖부터 물리는 엄마들이 있습니다. 아직 소화 기관이 발달하지 않아 하루에 수차례에 걸쳐 우유를 먹어야 하니 배가 고파 울 때가 많지만, 그렇다고 울 때 무조건 젖을 물려서는 안 됩니다. 이때 아이는 아직 배의 포만감을 제대로 인식할 만큼 감각이 발달되어 있지 않아서 배가 어느 정도 차 있어도 젖이 입안에 들어오면 본능적으로 빱니다. 그로 인해 소화 불량 등의 불편을 느끼면 더 울게 되는 악순환이 생깁니다. 아이가 울면 일단 안아 달래고 오줌을 싸진 않았는지, 어디가 아픈 건 아닌지 등을 확인하고 이상이 없을 때 젖을 먹여야 합니다.

아이가
숨넘어가게
운다면

아무 이유도 없이 아이가 자지러지게 울 때가 있습니다. 어르고 달래고 젖을 물리고 기저귀를 갈아 주는 등 온갖 방법을 다 써 봐도 울음이 잦아들지 않을 때에는 그 원인이 엄마가 미처 깨닫지 못하는 것일 수도 있습니다. 아이가 가진 기질의 문제, 신체적인 질병, 부모의 잘못된 육아 방식 등이 그 예입니다. 아이가 계속 울면 정확한 원인을 찾아 적절한 조치를 취하도록 하세요.

❀ 신체상의 문제가 원인일 수 있습니다

생후 50일 된 아이를 안고 소아과를 찾은 엄마가 있었습니다. 간

밤에 아이가 계속 우는 통에 새벽까지 잠 한숨 못 자다가 날이 밝자마자 병원 문을 두드린 것이지요. 큰 병은 아닌지 노심초사하며 검사 결과를 기다렸는데 의사의 말은 너무나 간단했습니다.

"영아 산통입니다. 신생아에게서 자주 보이다가 좀 자라면 없어지니 너무 걱정하지 마세요."

영아 산통은 생후 1개월 전후부터 3~4개월까지 나타나는데, 영아 산통이 있으면 이유 없이 밤에 깨어 우는 증상이 나타납니다. 이 시기에 몸에 특별한 이상이 없는데 아무리 달래도 울음을 그치지 않으면 영아 산통일 가능성이 큽니다. 답답한 것은 영아 산통의 원인이 정확하지 않다는 것입니다. 그러다 보니 처방 역시 아이를 포근히 안아 주고 달래 주라는 수준이지요. 증상은 있으나 원인이 불분명하니 기르는 입장에선 당황할 수밖에 없습니다.

이처럼 아이에게 해 줄 수 있는 것을 모두 해 보았는데도 울음을 멈추지 않을 때에는 아이에게 신체적인 문제가 있을 수 있습니다. 예컨대 첫돌 전까지의 아이는 감기로 인한 후두염으로 숨을 쉬기 힘들 때, 중이염으로 귀가 아플 때, 아토피나 습진으로 가려울 때 잠을 자지 못하고 계속 울곤 합니다. 이런 경우에는 울음이 질병의 신호이지요. 아이의 울음이 평소와 다르게 느껴진다면 아이 몸에 문제가 있는지 살펴보고, 원인을 알 수 없을 때에는 전문의에게 진단을 받아 봐야 합니다.

또한 선천적으로 큰 질환을 안고 있어 신생아 때에 큰 수술을 받았거나 병원 치료를 받은 경우에도 심하게 울 수 있습니다. 수술이나 치료를 받으면 감정이 그만큼 민감해져 아주 작은 일에도 울음을 터트리거나, 한번 울음이 터지면 잦아들지 않는 것이지요. 이런 아이들에게는 보다 특별한 배려가 필요합니다. 아이가 감정적으로 민감한 만큼 부모가 아이를 돌보는 것도 세심해져야 합니다. 더욱 주의를 기울여 아이를 보살펴 더 이상 아이가 감정적으로 다치는 일이 없도록 배려해야 한다는 의미입니다.

✱ 영아 산통의 증상과 치료법은?

영아 산통일 때 아이는 두 손을 움켜쥐고 양팔을 옆으로 벌린 채 두 다리를 배 위로 끌어당기거나 다리를 굽혔다 펴길 반복하면서 웁니다. 배에 잔뜩 힘을 주고 얼굴을 붉히면서 몇 분, 심하게는 몇 시간 동안 계속 우는 것이 특징입니다. 영아 산통은 아이에게 아직 밤낮의 구분이 없기 때문에 하루 중 어느 때나 일어날 수 있지만, 보통은 저녁이나 밤에 더 잘 일어납니다.

영아 산통을 앓는 아이들은 정상아보다 배가 더 부르고 팽팽하고 가스가 많이 차며, 아이가 긴장감을 갖거나 변비 혹은 소화 불량, 위장 알레르기가 있을 때 주로 생깁니다. 하지만 이 원인들도 정확히 밝혀진 것은 아니라서 영아 산통을 없애는 방법은 아직까지 특별한 게 없습니다.

그나마 다행스럽게도 아이가 백일 무렵이 되면 자연히 없어지 니, 그때까지는 엄마 아빠가 가능한 한 아이가 놀라지 않고 편안함 을 느낄 수 있게 해 주는 수밖에 없습니다. 품에 안고 얼러 주며 엄 마의 심장 소리를 들려주거나 배를 따뜻하게 문질러 주고 토닥여 주는 것이 가장 좋은 방법입니다.

❋ 기질상 까다로운 아이들

기질이 까다로운 아이들도 울음이 잦습니다. 이런 아이들은 한 번 울음을 터트리면 숨이 넘어갈 정도로 울어 댑니다. 제 경험을 예로 들자면, 둘째 정모는 이릴 때 한번 울기 시작하면 아무도 말 릴 수 없을 정도로 심하게 울었습니다. 약간 참는 듯하다가 한계선 을 넘어서면 바로 울음이 터지고 그 뒤부터는 숨이 꼴깍꼴깍 넘어 갈 때까지 울었습니다.

이럴 때는 별다른 수가 없습니다. 힘들겠지만 우선 아이의 그런 특성을 이해하고 받아들여야 합니다. 억지로 고치려 들지 마십시 오. 기질을 억지로 바꿀 것이 아니라 그 기질이 아이에게 해가 되 지 않도록 곁에서 돕는 것이 부모가 할 일입니다. 엄마가 곁에서 잘 조절해 주면 오히려 그 기질이 긍정적인 에너지를 만들어 낼 수도 있습니다. 감정이 칼날처럼 예민한 아이들이 오히려 자신의 능력을 잘 개발하여 사회에서 제 몫을 하는 예가 많지요. 주변 환경에 예민하게 반응하는 그 기질이 아이의 장점이 될 수 있다고 긍정적으로 생각하세요.

✽ 부모가 먼저 감정 조절을 하세요

옛날 같으면 아이가 좀 심하게 우는 것은 걱정할 일도 아니었습니다. 손자, 손녀를 키우는 할머니를 보세요. 아이가 심하게 떼를 쓰고 뒤로 넘어갈 정도로 울어도 잘 받아넘깁니다. 하지만 지금의 젊은 부모들은 아이를 한둘 키우는 탓에 온 정신을 아이에게만 기울이다 보니 아이의 울음 하나하나에도 민감하게 반응합니다. 그래서 아이가 넘어가면 부모도 같이 넘어가지요.

사실 엄마 아빠가 문제를 만드는 경우도 있습니다. 아이가 감정적으로 좀 예민하고 심하게 울어도 신체적으로 별다른 문제가 없고 잘 적응하여 살고 있다면, 우는 게 크게 문제 되지는 않습니다. 그런데 부모가 너무 민감하게 반응해서 그것을 문제라고 생각하는 것이지요.

먼저 아이가 심하게 울 수도 있다고 생각해야 합니다. 그러고 나서 아이가 울 때 놀라지 않고 편안한 마음으로 대하면 아이는 그런 엄마의 모습을 보고 감정을 조절하는 법을 배워 갑니다. 화가 나거나 참지 못할 일이 있을 때 무조건 화내고 우는 게 능사가 아니라는 점을 알게 되는 것이지요.

그러면서 심하게 울고 떼쓰는 증상이 많이 완화됩니다. 어린아이의 감정 표현은 태어날 때부터 자신만의 패턴이 있지만, 주변 사람의 모습에 의해서 달라질 수 있다는 것을 기억하세요. 엄마가 놀라거나 화를 내거나 슬퍼하면 그 모습을 아이는 여과 없이 지켜보게 되겠지요. 그러면 아이는 그 모습을 그대로 배울 수밖에 없습니다.

✴ 울기 전에 막는 것이 최선

아이가 대성통곡을 하며 뒤로 넘어가기 전에 미리 막는 것이 가장 현명한 방법입니다. 제 경우 정모가 울음을 터트릴 기색이 약간이라도 보이면 어떻게든 아이의 관심을 다른 곳으로 돌렸습니다. 아이가 울먹거리는 순간, 얼른 아이를 안고 장소를 옮기거나 미리 준비한 장난감을 눈앞에 보여 주는 식으로 말이지요. 이때는 엄마의 눈치가 정말 중요합니다. 아이의 행동에 민감하지 못한 엄마라면 십중팔구 그 순간을 놓치고 말지요.

평소 아이의 생활 패턴이나 버릇, 습관을 유심히 관찰하다 보면 어느 순간에 아이가 울음을 터트리는지 짐작할 수 있습니다. 아이가 좋은 기분을 유지하려면 무엇이 필요한지, 내 아이가 좋아하는 것이 무엇인지, 무엇을 싫어하는지 잘 관찰하세요. 울음을 터트릴 상황까지 가지 않으면 아이의 울음 때문에 고통스러울 일도 훨씬 줄어듭니다.

　그리고 앞서 말했듯이 울음을 터트리면 더욱 부드럽게 아이를 달래 주십시오. 아이는 감정 조절이 안 되기 때문에, 일단 울음을 터트리면 자기 울음에 함몰돼 더 힘들어 합니다. 그럴 때일수록 엄마 아빠의 부드럽고 따뜻한 손길이 필요하다는 것을 명심하세요.

밤만 되면
울어요

파김치가 되어 겨우 눈 좀 붙이려 하면 어떻게 알았는지 때맞춰 아이가 웁니다. 아무리 달래도 소용이 없고 무언가에 놀란 듯, 무서운 것을 보기라도 한 듯 목 놓아 울지요. 한 엄마는 "아이가 불만 끄면 우는 통에 밤이 오는 게 무서워요"라고도 하더군요. 낮에는 잘 노는데 밤만 되면 유독 울음을 터트리는 아이들. 도대체 뭐가 문제인 걸까요?

✱ 아이에게 생기는 공포심

유독 밤에 더 우는 아이들이 있습니다. 우유도 잘 먹고 방긋방긋

웃으며 잘 놀다가도 어두워지기만 하면 칭얼대다 끝내 울음을 터트리고 맙니다. 하루 이틀도 아니고 매일 그런 일이 반복되면 당연히 엄마는 지칠 수밖에 없습니다. 잘못하면 우울증이 생기기도 합니다.

생후 6개월 정도가 되었을 때 아이는 공포심을 처음 느끼게 됩니다. 그 전까지는 그저 단순히 먹고 자고 싸는 생리적 욕구의 충족 여부로만 세상을 느끼지만, 이 시기에는 이전까지 체험해 보지 못한 공포를 겪게 되지요.

일반적으로 이 시기에는 주변 환경이 급작스럽게 바뀔 경우 공포심을 느끼게 됩니다. 즉 평소에 머물던 곳이 아닌 다른 곳으로 옮겨질 때, 갑자기 몸이 흔들린다거나 꽉 조여지는 등 신체적인 변화가 일어날 때, 혹은 큰 소리가 나거나 어느 순간 갑자기 어두워질 때, 급작스럽게 인공적인 빛이 쏟아져 올 때 등이 그 예입니다. 변화의 정도가 심할수록 아이가 느끼는 공포심도 커지게 마련입니다.

아이가 신체적으로 아무런 이상이 없고 엄마나 아빠의 양육 태도에도 별다른 문제가 없는데도 불구하고 밤에 유난히 보채고 우는 까닭은 발달 과정상에 나타나는 공포심이 그 원인일 수 있습니다. 이럴 경우에는 아주 은은한 조명등을 켜 두거나 조용한 클래식 음악을 흐르게 하는 등 아이가 안정감을 느끼도록 도와주어야 합니다.

* 부모의 태도가 중요합니다

아이가 말을 알아듣지 못한다고 "왜 이렇게 울어?" 하며 다그치는 사람들이 있습니다. 하지만 아이는 3~4개월만 돼도 표정이나 몸짓, 어투에서 부모의 감정을 고스란히 느낍니다. 이른바 비언어적인 상호작용을 하는 것이지요. 낮에 아이를 돌보느라 힘이 들고 짜증이 나 있다 하더라도 밤에 아이가 깨어 울면 안심시키면서 안아 주어야 합니다. 엄마 아빠의 따뜻한 손길에 아이는 안심하고, 당장은 아니더라도 조금씩 공포심을 없애 갈 수 있습니다. 반대로 우는 아이에게 "엄마도 잠 좀 자자. 고만 좀 울어!" 하고 화를 낸다면 공포심이 더욱 커질 수 있습니다.

* 건강한 체질과 성향을 키워 주세요

신체적으로 허약한 아이일 경우 공포심을 더 크게 느끼기도 합니다. 또한 기질적인 차이도 있는데, 예민한 기질을 타고난 아이의 경우 주변 환경의 아주 작은 변화에도 크게 두려움을 느낄 수 있습니다.

기질이 순하면서 활발한 아이는 예민한 아이에 비해 정서적으로 안정되어 있기 때문에 공포심을 적게 느낄뿐더러 공포심에서 더 빠르게 벗어날 수 있습니다. 그러니 평소에 아이가 신체적으로 건강하면서 활발하고 명랑해지도록 잘 놀아 주세요.

✱ 밤에 우는 아이, 이것만은 금물!

빠른 아이의 경우 생후 2개월 전후로 밤과 낮을 구별할 줄 알게 됩니다. 그런데 아이가 밤에 운다고 우유를 먹이거나 낮에 했던 것처럼 놀아 주면 밤에도 으레 우유를 먹고 노는 것으로 받아들일 수 있습니다. 따라서 아이가 밤에 운다고 해서 먹여 재우거나, 재우는 것을 포기하고 놀아 줘서는 안 됩니다. 정말 배가 고파서 우는 것이 아니라면 어떻게든 아이를 진정시켜서 다시 잠들 수 있도록 해 주어야 합니다.

아이가
왜 우는지
모르겠어요

아이마다 우는 모습도 다르고, 원인에 따라 울음의 유형도 제각 각입니다. 신체적인 문제가 있을 때, 놀아 달라고 요구할 때, 엄마 의 사랑이 필요할 때, 혹은 정서상의 문제가 있을 때 등등. 이런 모 든 상황을 아이는 조금씩 다른 울음으로 표현합니다. 하지만 '이럴 땐 이렇게 운다'라는 답이 있는 것은 아닙니다. 따라서 부모 스스 로 자신만의 처방을 찾아야 합니다.

✽ 원인에 따른 네 가지 울음의 유형

초보 부모들이 가장 답답한 것은 도무지 왜 우는지 울음의 의미를 알 수 없다는 것입니다. 하지만 처음에는 잘 알 수 없어도 아이를 관찰하고 관심을 기울이다 보면 차차 울음의 차이를 발견하게 됩니다. 아이마다 차이가 있지만 제 경험과 제가 만난 엄마들의 이야기를 통해 울음의 유형을 정리해 봤으니 참고하길 바랍니다.

① 눈을 감았다 떴다 하며 칭얼거리는 울음

주로 잠이 올 때 보이는 울음입니다. 날카롭지 않은 중간 음으로 표정의 변화나 눈물 없이 마른 목소리로 웁니다. 아이가 이렇게 울 때에는 먼저 아이가 잠들 수 있는 환경을 마련해야 합니다. 텔레비전이 켜 있거나 시끄러운 음악이 틀어져 있거나 집 안이 너무 밝으면 아이가 쉽게 잠들기 어렵습니다. 주변을 조용하고 아늑하게 만든 다음 등을 토닥이며 달래 주세요.

② 눈을 뜨고 입을 벌려 우는 울음

배가 고파 우는 흔한 울음입니다. 이때 아이 입 주변에 손을 대면 바로 고개를 돌려 손을 보거나 빠는 흉내를 냅니다. 우선은 그 이전의 수유 시간을 체크해 보세요. 아이가 젖을 먹은 지 2~3시간이 지났다면 다시 수유해야 합니다. 혹시 수유한 지가 얼마 되지 않았더라도 먹은 양이 부족하여 젖을 찾는 것일 수 있으므로 수유 양도 확인하기 바랍니다.

③ 갑자기 우는 울음

잠이 오거나 배가 고파서 울 때에는 그 전에 아이가 잘 놀지 않거나 얌전하게 구는 등의 기미가 있습니다. 만일 아이가 활발하게 잘 웃고 놀다가 갑자기 울음을 보인다면 기저귀를 확인해 보세요. 잘 놀다가도 아랫도리에 불쾌한 느낌이 들면 바로 울게 됩니다. 기저귀가 젖지 않았는데도 갑자기 운다면 몸 전체를 살펴보십시오. 이유식을 하는 경우 가끔 음식물 찌꺼기가 옷에 말라붙어 아이를 불편하게 하기도 합니다.

④ 울음소리는 크지만 눈물 없는 울음

아이가 엄마를 부르는 울음일 경우 대개 소리만 우렁찹니다. 눈물도 없고 얼굴색도 크게 바뀌지 않습니다. 아이가 눈물 없이 크게 운다면 배가 고프거나 기저귀가 젖어서가 아니라, "더 안아 주세요", "놀고 싶어요" 하는 투정일 가능성이 높습니다. 이때는 잘 달래 울음을 멈추게 한 다음 눈을 맞추며 놀아 주세요.

❋ 질병을 알리는 울음도 있습니다

아이 울음을 잘 살펴야 하는 이유는 울음이 몸의 이상을 알리는 신호일 수 있기 때문입니다. 생후 6개월 전에 잘 나타나는 영아 산통일 경우, 자다가 갑자기 날카롭게 우는 예가 많습니다. 아이가 다리를 구부리고 있고 배가 딱딱하다면 영아 산통을 의심해 봐야 합니다. 영아 산통 때문에 아이가 운다면 울음을 그치게 하는 것이 사실 어렵습니다. 배를 살살 문질러 주거나 따뜻한 물을 먹여 트림을 하게 하는 것 정도이지요. 하지만 통증이 사라지면 언제 그랬냐는 듯 다시 잠이 듭니다.

보채는 정도가 심하고 손을 귀에 대면서 숨이 찰 만큼 운다면 중이염일 가능성이 있습니다. 특히 아이가 감기 기운이 있을 때 갑자기 운다면 그 가능성이 더욱 커지므로 병원을 찾아야 합니다.

또한 울음의 원인을 알 수 없고, 아무리 안고 놀아 줘도 아이의 울음이 그치지 않으며, 울다가 갑자기 잠잠해지고 다시 자지러지게 우는 것을 반복한다면, 장 중첩일 가능성도 있습니다. 장이 꼬일 때마다 우는 것이지요. 이런 경우 역시 바로 병원에 가야 합니다.

✴ 이유를 알 수 없을 때는?

앞서 이 시기의 아이에게 울음은 유일한 의사소통 수단이라고 말했습니다. 그리고 아이의 울음에는 이유가 있다고도 했지요. 하지만 아무리 찾아봐도 이유를 알 수 없을 때가 있습니다. 그럴 때에는 아이가 엄마의 사랑이 그리워 울음으로 엄마를 부르는 것입니다. 잠시 생각해 보세요. 평소 아이와 눈을 자주 맞춰 주었는지, 사랑한다는 말을 충분히 해 주었는지, 불편함을 즉시즉시 해결해 주었는지 곰곰이 되짚어 봅시다.

아이가 울지 않을 때에도 엄마의 사랑은 충분히 전달되어야 합니다. 그렇지 않다면 아이는 엄마의 사랑이 부족해 늘 울면서 엄마를 찾게 됩니다.

Chapter 2

수면 문제

언제부터

따로

재울 수 있을까요?

   많은 부모들이 아이를 언제부터 따로 재우는 것이 좋으냐고 질문을 해 옵니다. 아이 방을 마련해 놓고도 따로 재우지 못하는 경우가 많고, 그러다 보니 아이 아빠가 다른 방에서 자는 경우도 많아 부부 관계도 소원해지는 것 같고……. 그렇다고 아이를 당장 떼어 놓자니 혹시 정서 발달에 문제가 생기는 건 아닌가 싶어 쉽게 실행을 못하지요.

❋ 돌 전 아이를 따로 재워서는 안 되는 이유

   외국에서는 아이를 처음부터 혼자 재우는 경우가 많습니다. 아이의 독립심을 키우기 위해서지요. 개인의 삶을 잘 영위하는 것이 인생의 가장 큰 목표인 서양에서는 부모 각자의 개인적인 삶이 양육보다 중요합니다. 그런 가치관으로 인해 아이에게도 어릴 때부터 독립심을 길러 주는 것을 교육의 목표로 삼습니다. 그래서 돌이 되기도 전에 아이 침대를 두거나, 방을 따로 마련해 혼자 자는 연습을 시킵니다. 아이가 울어도 잠깐 달래 줄 뿐 함께 자지는 않지요.

하지만 이 방식이 꼭 옳다고만은 할 수 없습니다. 돌 전의 아이에게 가장 중요한 과제는 독립심을 키우는 것이 아니라 부모와 견고한 애착을 쌓는 것이기 때문입니다. 엄마의 모습만 안 보여도 우는 아이를 따로 재우는 것은 정서 발달에 좋지 않습니다. 생각해 보세요. 깜깜한 방에서 잠을 깬 아이가 엄마는 없고 어둠뿐인 천장을 보고 얼마나 놀라고 공포에 떨 것인가를. 만일 아이가 엄마와 떨어져 자는 것을 심하게 거부하고 두려워한다면 혼자 재워서는 안 됩니다.

✱ 아이가 혼자 자도록 시도해 볼 수 있는 때는?

3세가 되면 아이는 엄마와 떨어져도 그것이 완전히 헤어지는 것은 아니라는 사실을 제대로 인식하게 됩니다. 따라서 이 시기가 되면 아이에게 따로 자는 것을 가르칠 수 있습니다. 하지만 이때 역시 아이가 무서워하거나 싫어하면 억지로 강요해서는 안 됩니다.

5~6세가 되면 아이의 기본적인 생활 습관과 성격이 모두 형성됩니다. 이때부터는 본격적으로 따로 재우는 것을 연습시킬 수 있습니다. 단, 단계를 밟아 가며 서서히 시도해야 합니다. 아이 방의 문을 열어 놓아 문밖에 엄마 아빠가 있다는 것을 알려 주고, 방을 예쁘게 꾸미거나 침대를 새롭게 들여놓는 등 아이가 자신의 방에 애착을 가질 수 있도록 배려할 필요가 있습니다. 따로 자면서도 부모의 보살핌을 느낄 수 있도록 하는 것이지요.

따로 재울 수 있는 기준은 나이가 아니라, 아이의 정서적인 안정입니다. 아이가 엄마와 떨어져 혼자 자는 것을 잘 받아들이고 편안하게 잘 수 있는 순간이 바로 '따로 재우기'를 시도할 수 있는 때입니다.

밤중에
꼭 한 번은 깨요

돌이 되기 전 아이를 키우는 부모들 가운데에는 아이가 새벽에 곧잘 깬다고 걱정하는 사람들이 있습니다. 아이가 밤중에 자꾸 깨는 것은 엄마 아빠에게 큰 고통입니다. 또 밤에 잠을 푹 자야 성장도 잘할 텐데, 혹시 이로 인해 발달이 늦어지면 어떻게 하나 조바심이 나기도 하지요.

하지만 이는 크게 걱정할 일이 아닙니다. 아이는 어른보다 상대적으로 얕은 잠을 자기 때문에 잠이 들었다가도 쉽게 깨어나곤 합니다. 밤에 일어나 아이를 달래 다시 재우는 것이 쉬운 일은 아니지만, 언젠가는 끝날 수고로움이니 이왕 해야 할 일, 기분 좋게 받아들이세요.

* 아이가 잠을 제대로 못 자면?

성장 호르몬의 3분의 2는 밤사이에 뇌하수체에서 분비됩니다. 이 호르몬은 다른 내분비선을 자극하는 촉진 성분을 관리해 아이의 성장과 신체적 발달에 중요한 역할을 합니다. 이 중대한 일은 아이가 자는 동안에 이루어지지요. 따라서 아이가 잘 자지 못하고 자주 깨면 그만큼 성장이 지연될 수 있습니다.

또 잠을 충분히 자지 못하면 스트레스 대처 능력이나 집중력, 인내력, 호기심, 활동성도 떨어집니다. 화를 잘 내고 집중력이 약한 아이들을 살펴보면 수면 시간이 불규칙한 경우가 많습니다. 졸린 아이가 짜증을 내고 울어 대는 것은 이런 이유에서입니다.

반대로 잠을 잘 자는 아이들은 기분이 좋아 집중력이나 호기심을 마음껏 발휘할 수 있어 학습 능력이 높아집니다. 또한 자는 동안에 면역 기능이 활발히 작용해 질병에 대한 저항력도 강해집니다. 잘 재우는 것이 아이를 건강하고 똑똑하게 키우는 첫 번째 방법인 이유입니다.

* 한 번이 아니라 열 번도 깰 수 있습니다

돌 전 아이는 생체 리듬이 완전히 자리 잡지 못해 한 번에 쉽게 잠들지 못할뿐더러 잠을 자더라도 자주 깹니다. 또한 잠의 깊이가 얕아 악몽을 꾸기도 하고 외부 자극에 민감하게 반응하지요. 기질적으로 예민한 아이들은 잠이 들고 한두 시간 후 깨어 울거나 뒤척입니다.

문제는 일단 깨면 부모의 도움이 없이는 다시 잠들기 어렵다는 것입니다. 이 시기의 아이는 제 스스로 잠을 청하지 못합니다. 부모 입장에서는 보통 힘든 일이 아니겠지만 이때 아이를 잘 재울수록 수면 패턴을 빨리 바로잡을 수 있습니다.

✦ 밤중 수유는 숙면을 방해하는 주범

아이가 6개월이 되기 전에는 밤중에도 수유를 하게 됩니다. 하지만 아이가 밤에 깨서 운다고 무조건 젖을 물리는 것은 바람직하지 않습니다. 제 양보다 많이 먹는 아이는 체중이 급격히 늡니다. 또한 소변 양이 많아지고 대변이 묽어져 기저귀가 항상 젖어 있게 되지요. 그러면 깊이 잠들기가 더욱 어려워집니다. 게다가 아직 욕구와 습관을 구분하지 못하기 때문에 한밤중에 수유를 자주 하면 아이는 습관적으로 배가 고프다고 느껴 저절로 깨서 울게 되니 주의해야 합니다.

만일 꼭 먹여야 한다면 조용히, 가능한 한 짧게 먹이는 것이 좋습니다. 아이가 보채지 않을 만큼만 먹인 뒤 바로 잠들 수 있도록 다독여 주세요.

어떤 엄마는 수유를 한 뒤 이왕 깬 거 놀아 주자는 생각으로 아이를 대하기도 합니다. 하지만 이것이 반복되면 아이는 밤에도 자지 않고 노는 습관이 생길 수 있습니다. 따라서 수유 후에는 바로 잠들 수 있게 해 줘야 합니다. 처음에는 다시 잠드는 데 시간이 다소 걸리더라도 가능한 한 젖을 먹이지 말고 스스로 잠들 수 있도록 조용한 상태에서 재우는 것이 바람직합니다.

★ 깨는 횟수를 최소화하려면

우선 잠자기 전에 너무 많이 먹여서는 안 됩니다. 수면과 비수면을 조절하는 생체 리듬이 깨지기 때문이지요. 또한 잠들기 전에 과도하게 노는 습관도 없애 주어야 합니다. 자기 전에 너무 많이 놀아 주면 아이가 흥분 상태에 빠져들어 잠이 들어도 쉽게 깰 수 있습니다.

같은 맥락에서 아이가 잠들기 전에 텔레비전이나 오디오를 틀어놓는 것도 좋지 않습니다. 어른도 잠들기 전에 책을 보거나 일기를 쓰는 등 차분히 마음을 가라앉히지 않나요? 아이 역시 어른처럼 잠들기 전에 하루의 긴장을 풀고 마음을 차분히 할 시간이 필요합니다. 그래야 서서히 잠에 빠질 수 있어요.

❋ 아빠가 밤늦게 아이를 깨운다고요?

아이를 낳은 뒤 최소 3~4년간은 부모에게 가장 바쁜 시기입니다. 집 장만하랴, 아이 분유 값이며 기저귀 값 대랴, 경제적 부담도 클 뿐만 아니라 사회생활도 가장 치열하게 하지요. 아이와 함께할 시간이 적은 아빠는 밤늦게 들어와서는 "아빠 왔다!"하며 아이를 깨우기도 합니다.

하지만 가만히 있어도 잘 깨는 아이를 억지로 깨우는 것은 아이의 수면 패턴을 자리 잡지 못하게 하고, 성장 호르몬 분비를 막아 아이의 성장에 나쁜 영향을 미칠 수 있습니다. 그런 의미에서 잠자는 아이를 일부러 깨우는 아빠는 0점 아빠인 셈이지요. 아이와 눈을 맞추고 놀고 싶은 마음이야 십분 이해하지만, 정말 아이를 위한다면 아이의 잠든 모습을 조용히 바라보는 것으로 만족하세요.

❋ 아기도 악몽을 꾸나요?

"아이가 악몽을 꾸나 봐요. 꼭 새벽녘에 자지러지게 울면서 깨요. 꿈에서 무서운 것을 본 것처럼 겁을 내고요" 하며 걱정하는 엄마들이 있습니다. 악몽이란 잠을 깨게 만들 정도로 아주 무서운 꿈을 말합니다. 일단 잠에서 깨면 꿈의 내용을 잘 기억할 수 있는 것이 특징이기도 하지요.

그런데 돌 전 아이가 꾸는 악몽은 어른의 악몽과는 다릅니다. 악몽이라기보다 부모와 떨어지기 싫은 불안 심리가 만들어 내는 현상이라고 보는 것이 옳습니다.

즉 부모가 사라질지도 모른다는 두려움, 조금 자란 아이들은 새로 태어난 동생에게 부모를 빼앗길지도 모른다는 두려움, 놀이방 등에 맡겨져 부모로부터 혼자 떨어지게 될 때의 두려움 등이 그 원인입니다. 이때는 부모가 자신을 얼마나 사랑하는지를 느끼게 해줘야 합니다.

악몽을 꾸고 나서 보이는 행동도 아이의 연령에 따라 차이가 있습니다. 대개의 경우 어린아이는 악몽을 꾸면 엄마나 아빠가 달려와서 달래 줄 때까지 울면서 소리를 지릅니다. 그러다가 좀 더 자라면 울면서 제 발로 엄마 아빠를 찾아가고, 조금 더 시간이 지나면 악몽은 현실과는 다르다는 것을 이해하기 때문에 부모를 깨우지 않고도 다시 잠을 잘 수 있게 됩니다.

악몽은 아이들이 자라면서 겪게 되는 발달 과정 중 하나이므로 걱정하지 않아도 됩니다. 대개 나이가 들면서 좋아지므로 별다른 치료를 받지 않아도 되지요. 악몽에 시달리고 있는 것 같으면 아이를 깨워 포근하게 안아 주는 것으로 충분합니다. 또 잠들기 전에 너무 과격한 놀이를 한 것은 아닌지 되돌아보고 자극을 줄여 주는 것도 방법입니다.

기응환, 함부로 먹이지 마세요! Tip

아이가 밤에 놀라 울어 댄다고 기응환을 먹이는 부모들이 있는데, 이는 좋지 않은 방법입니다. 아이가 놀라는 것은 아직 신경 발달이 완성되지 않았기 때문입니다. 그런 아이에게 울 때마다 일종의 안정제 역할을 하는 기응환을 먹여 진정시키면, 신경이 발달할 기회를 빼앗을 수 있습니다. 또 기응환을 먹여 아이가 보이는 증상이 완화되면 다른 문제가 있어도 제대로 진단할 수 없어 더 큰 문제가 생길 수 있습니다.

잠투정이
너무 심해요

"우리 애는 밤에 눕히기만 하면 눈이 말똥말똥해져요", "안 자려고 억지로 버티는 것 같아 어떨 땐 미워 죽겠어요", "한 번에 재울 수 있으면 소원이 없을 것 같아요"……. 엄마라면 누구나 한 번쯤 아이의 잠투정 때문에 고민하게 됩니다. 심한 경우 억지로 재우려다 아이와 사이가 나빠지기도 합니다. 아이는 왜 잠들지 못할까요? 쉽게 잠들게 하는 묘책은 없을까요?

✳ 쉽게 잠들지 못하는 아이의 마음

잠투정을 하는 이유는 여러 가지입니다. 우선 돌 전 아이들은 잠을 자고 나면 오늘이 지나 내일이 온다는 사실을 모르기 때문입니다. 학자들마다 차이가 있기는 하지만 적어도 3세쯤 되어야 '내일'의 개념이 확실히 생긴다고 합니다.

잠이 오면 감각이 둔해져 엄마가 잘 보이지 않고 피부로 느껴지지도 않게 되는데, 아이는 이것을 엄마와 떨어지는 것이라고 생각합니다. 아직 '내일'이라는 개념이 정립되지 않은 상태에서 엄마가 잘 느껴지지 않으니 그럴 수밖에요. 때문에 잠드는 것은 아이에게 큰 불안을 안겨 줍니다. 이렇듯 잠드는 게 두렵다 보니 어떻게든 깨어 있으려고 잠투정을 하게 되는 것이지요.

이때 아이는 잠이 쏟아지는데도 억지로 눈을 뜨고 있거나, 불안감을 달래기 위해 인형을 품에 꼭 끌어안고 있기도 하지요. 잠이 올 때 손가락을 빠는 것도 비슷한 이치라고 할 수 있습니다.

✸ 잠투정, 이래서 생깁니다

이 밖의 원인으로는 기질의 차이가 있습니다. 날 때부터 잠을 잘 자는 기질을 타고난 아이가 있는가 하면, 그렇지 않은 기질을 가진 아이도 있습니다. 같은 시간을 자더라도 자주 깨는 아이가 있는가 하면, 그렇지 않은 아이도 있지요.

또 수유량이 적거나 너무 많은 경우, 기저귀가 젖은 경우에도 아이는 잠들기가 어려워 잠투정을 합니다. 몸이 아플 때도 마찬가지이지요. 중이염 같은 질병이나 이가 날 때 하는 잇몸 앓이 등도 그 이유가 됩니다.

배변 훈련을 하는 도중 그 스트레스로 인해 잠투정을 부리기도 하고, 한창 애착이 형성되는 시기에는 엄마와 떨어지는 것을 싫어하는 분리 불안으로 인해 잠투정이 심해질 수도 있습니다.

실내 온도가 너무 높거나 주위가 시끄러울 때, 잠자리가 바뀌거나 낮잠을 너무 많이 잤을 때에도 잠투정을 부릴 수 있습니다. 엄마가 안아 주어야 잠이 드는 아이라면, 아예 잠투정이 버릇이 되어버린 경우입니다. 이처럼 아이의 잠투정이 늘 같은 원인에서 시작되는 것은 아닙니다. 그러니 아이가 잠투정을 하면 매번 세심하게 원인을 파악하고 적절히 대처해야 합니다.

❋ 잠을 재우기 전에 안심시키는 것이 먼저

억지로 재우려 들거나 짜증을 내면 아이는 '엄마가 진짜 나를 떼어 놓으려나 보다', '엄마가 나를 싫어하는구나' 하고 생각합니다. 그로 인해 아이의 불안감이 증폭되지요. 이럴 때에는 먼저 아이를 안심시켜야 합니다. 저는 잠투정을 부리는 아이를 대할 때에는 전통 육아법을 떠올려 보라고 말하곤 합니다.

옛날에 할머니들은 어린 손자, 손녀를 재울 때 나지막한 목소리로 자장가를 불러 주었지요. 또 화내거나 짜증 내지 않고 등을 토닥이며 아이가 잠들기를 여유 있게 기다렸습니다.

그 모습을 떠올리며 엄마가 함께 있음을 충분히 느낄 수 있도록 안아 주고 다독여 주세요. 아이는 유일한 세상인 엄마에게 기대 잠을 청하고 있는 것이니까요.

❋ 당당히 SOS를 요청하세요

아이를 재우는 엄마를 더욱 힘들게 하는 것은 '모든 것을 내가 책임져야 한다'는 강박 관념입니다. 아이의 잠투정을 조절하는 데 있어 제일 중요한 것은 아이를 달래는 엄마의 심리 상태인데, 엄마가 힘에 부쳐 귀찮아하거나 화를 내면서 아이를 재우려 하면, 잘 재울 수도 없거니와 아이가 엄마의 부정적인 감정을 느끼게 됩니다. 그러니 울고 싶을 만큼 힘이 들 때에는 당당히 주변에 도움을 요청하세요. 아이 아빠나 친정어머니, 시댁 식구들에게 말입니다. 엄마를 위해서라기보다 아이의 성장과 정서적 안정을 위해서 그 편이 더 바람직할 때도 있습니다.

잠투정을 줄이는 Tip 세 가지 방법

1. 아이의 수면 리듬을 체크하고 환경을 점검하세요

이 시기 수면 장애의 원인 중 하나가 부모가 자신의 생활 리듬에 맞춰 아이에게 억지로 수면 습관을 들이는 것입니다. 최소한 백일 무렵까지는 아이의 수면 리듬에 맞춰 주어야 합니다. 또한 아이의 잠이 방해받지 않도록 안정적인 환경을 만들어 주세요.

2. 잠들기 전엔 항상 곁에 있어 주세요

낯가림이 시작되는 생후 7~8개월 무렵에는 아이가 엄마에 대한 애착이 매우 커집니다. 때문에 잠으로 인해 엄마와 떨어진다는 사실에 매우 불안해합니다. 이러한 증상은 36개월까지 지속되는데, 이 시기에는 잠들 때 엄마가 옆에 없으면 잠투정을 부쩍 많이 부릴 수 있습니다. 그러므로 엄마는 아이가 안심할 수 있게 잠들고 깰 때 곁에 있어 주는 것이 좋습니다.

3. 즉시 얼러도, 너무 오래 울게 해도 좋지 않습니다

아이가 울 때마다 무조건 젖병을 물리거나 놀아 주는 것도 좋지 않지만, 자는 습관을 들인다고 오랫동안 울게 두는 것은 더 좋지 않습니다. 아이는 대개 엄마가 옆에 없다는 불안함 때문에 웁니다. 이럴 때는 안아 주고 보듬어 주면서 아이를 진정시켜 주세요.

월령별
수면 문제
대처법

돌이 되기까지 아이는 크게 성장하고 변화합니다. 특히 이때는 수면 습관이 자리 잡히는 중요한 시기이기도 하지요. 수면 습관은 개월 수와 성장 발달 정도에 따라 변하고, 이는 신체적 건강이나 습관에도 영향을 미칩니다. 월령별 수면 장애와 그 대처법은 다음과 같습니다. 단, 신체적·심리적 성장 발달은 아이마다 다르니, 절대적인 기준으로 삼지는 마세요.

✽ 생후 0~2개월

신생아는 하루 종일 잔다고 해도 과언이 아닐 만큼 잠을 많이 잡니다. 보통 20시간씩 자는데 생후 몇 주간은 깨는 시간이 불규칙하여 밤낮이 따로 없습니다. 영아 산통이 많은 시기여서 밤에 깨어 우는 것도 예삿일이지요. 엄밀히 말해 이런 특징들을 수면 장애라고 하기는 어렵습니다. 발달상 어쩔 수 없는 과정이지요. 이때는 앞으로 수면 장애가 생길 경우 아이를 어떻게 다시 재울지 연습해 본다는 기분으로 여러 시도를 하며 재워 보세요. 아이마다 재울 수 있는 방법이 조금씩 차이가 있으므로, 내 아이를 위한 잠재우기 요령을 터득해 보길 바랍니다.

✱ 생후 3~6개월

밤중 수유를 조절하는 것이 관건입니다. 아이가 자다 깼다고 무조건 젖부터 물려서는 곤란합니다. 배가 고파서 깬 것이 아니라면 단지 잠을 재우려는 이유로 젖을 먹여서는 안 된다는 말이지요. 밤중 수유가 습관이 되면 아이에게 바른 수면 습관을 길러 주기 어렵습니다. 또한 밤마다 깨서 수유를 해야 하니 엄마가 더욱 힘들어지지요. 일단 아이가 깨면 젖을 물리기 전에 먼저 안아 주고 달래 주는 것이 좋습니다. 그래도 아이가 울음을 그치지 않는다면 가급적 짧게, 배고픔을 달랠 수 있을 만큼만 수유를 하기 바랍니다. 다만 밤에 깨어 우는 것이 갑작스럽게 시작되었다면 신체적 이상 등의 원인이 없는지 살펴봐야 합니다.

✱ 생후 7~8개월

수면 습관이 서서히 잡혀 가긴 하지만, 엄마와 떨어지는 것을 극히 두려워하는 분리 불안이 시작되는 시기이기도 합니다. 더구나 렘수면, 즉 얕은 잠이 어른보다 두 배 정도 많기 때문에 자다가 자주 깨고 몸도 자주 뒤척입니다. 분리 불안 시기의 아이는 유독 수면 장애가 많다는 것을 부모가 먼저 인식하고 있어야 합니다. 아이가 잠에서 깨어 울거나 쉽게 잠들지 못할 때 늘 엄마가 곁에 있어 주도록 하세요. 다른 사람에게 아이를 맡겼을 경우, 주 양육자가 그 역할을 대신해 주어야 합니다.

✱ 생후 9~12개월

돌이 가까워지면 낮잠을 자는 횟수도 크게 줄고 잠이 들면 오래 자기도 합니다. 즉 어른과 유사한 수면 패턴으로 성장합니다. 또 이 시기 아이들은 부모가 규칙적인 식사 습관을 들였을 경우 밤에 꼭 먹지 않아도 잠을 잘 수 있습니다.

소아과 의사 중에는 성장 발달 측면에서 아이가 자다 깨 먹는 것보다는 안 먹고 자는 편이 더 낫다고 말하는 사람도 있습니다. 한번에 오래 자는 습관이 들 수 있도록 식습관을 바로잡아 주면서, 잠자리 환경도 고려해 주세요. 잠들기 전 동화책을 읽어 주거나 자장가를 불러 줘 아이를 안심시키는 것도 좋습니다.

Chapter 3

낯가림&분리 불안

아이 때문에

꼼짝할 수가 없어요

8개월 된 아이가 너무 울보인 것 같아 걱정인 엄마가 있습니다. 엄마가 잠시라도 안 보이면 대성통곡을 한답니다. 화장실이라도 갈라치면 얼마나 서럽게 울어 대는지 문을 살짝 열어 놓고 엄마 모습을 보여 줘야 한다더군요. 잔뜩 심각한 얼굴을 한 엄마에게 저는 살짝 핀잔을 주었습니다. "걱정 마세요! 그맘때 엄마가 안 보여서 우는 건 지극히 정상입니다" 하고요.

✽ 세상에서의 첫 번째 과제, 엄마와 떨어지기

생후 8개월 전후가 되면 아이는 좋고 싫은 것이 분명해져서 좋아하는 장난감이나 자주 만나 친근한 사람들에 집착을 하고, 싫어하는 것을 대하면 울음을 터트리거나 짜증을 내는 등 나름의 의사 표현을 합니다. 이는 그만큼 아이의 뇌가 성숙해졌다는 증거랍니다.

문제는 이와 맞물려 엄마와 떨어지는 것을 극도로 두려워하고 싫어한다는 것입니다. 아이는 태어난 직후부터 6개월 정도까지 엄마를 자신의 일부로 생각하고 살아가다가 그 이후에 엄마가 자신과 별개의 존재라는 것을 깨닫게 됩니다. 엄마와 자신이 서로 떨어질 수도 있다는 것을 알게 되면서 불안을 느끼지요. 그것이 점점 심해지면서 엄마가 잠깐이라도 아이를 혼자 두면 아이는 숨이 넘어갈 만큼 소리를 지르며 웁니다. 이처럼 아이가 엄마와 떨어질 때 공포와 불안을 느끼는 것을 '분리 불안'이라고 합니다.

분리 불안이 시작될 때 엄마들은 한시도 떨어지지 않으려는 아이 때문에 몹시 힘들어하고 짜증을 냅니다만, 분리 불안은 아이와 엄마의 애착이 잘 형성되고 있다는 증거입니다. 즉 발달 과정상 중요한 단계에 정상적으로 이른 것이지요. 반대로 아이가 분리 불안을 겪지 않는 것은 엄마와의 애착이 잘 형성되지 않은 것을 의미합니다. 이런 아이들은 조금 더 자라 심각한 정서적 장애를 겪을 수 있습니다.

분리 불안은 아이가 세상에 태어나 처음으로 뛰어넘어야 할 발달 과제이며, 이 과제를 잘 해내야만 다음 발달이 순차적으로 이루어집니다. 아이마다 차이가 있지만 분리 불안은 3세 전후에 점차 사라집니다. 여자아이는 3세 정도가 되면 엄마에게서 떨어져 다른 사람과도 어울려 지낼 수 있습니다. 남자아이는 이보다 조금 늦고 편차가 커서 4세 정도가 돼서야 극복되기도 합니다. 하지만 아이마다 발달 속도가 다르므로 늦는다고 해서 크게 걱정할 것은 아닙니다. 다만 유치원에 갈 나이가 되었는데도 엄마와 떨어지는 것을 두려워하거나 엄마가 없을 때 우울해하고 아무것에도 흥미를 보이지 않는다면, 분리 불안 장애를 의심해 봐야 합니다.

❋ 아이가 분리 불안을 겪지 않는다면?

생후 8개월이 지나면 아이가 친숙한 사람과 친숙하지 않은 사람을 구분할 수 있기 때문에, 엄마가 눈앞에 보이지 않으면 울고 소리치는 등 온갖 방법을 동원해 불안을 표현하게 됩니다.

동생이 태어나거나, 부모가 싸우거나, 이사로 환경이 바뀌었을 때 분리 불안이 특히 심하게 나타납니다. 분리 불안이 정상 수위를 넘어 지나치게 나타날 경우 근본적인 원인은 아이의 기질적 불안과 부모와의 불안정한 애착에 있습니다. 앞서 말했듯 생후 24~36개월이 되면 불안감이 줄어들기 시작하는데, 경우에 따라 정서 발달이 늦거나 병적인 이유로 불안감이 오래 지속되는 아이도 있습니다.

이런 아이는 대개 유치원이나 학교에 적응하지 못하고 또래 관계에서 소극적인 태도를 보이지요. 엄마와 너무 자주 떨어져 지냈거나 반대로 과잉보호로 인해 부모와의 분리를 거의 경험하지 못했다면, 초등학교 입학 후에도 새로운 환경에 적응하지 못하는 경우가 많습니다. 또래와의 관계도 매우 제한되어 한둘의 친구를 사귈 뿐이고, 노는 장소도 익숙한 자기 집이나 놀이터 정도이지요. 심한 아이는 몸이 아프다고 하면서 유치원이나 학교에 가지 않으려고도 합니다.

✱ 일부러 떼어 놓을수록 심해집니다

아이가 의존적이 될까 걱정한 나머지, 혹은 아이의 반응이 재미있어서 일부러 아이를 떼어 놓거나 아이 앞에서 모습을 감추는 엄마들이 있습니다. 그렇지 않아도 엄마가 보이지 않으면 불안한 아이에게 정말 하지 말아야 할 행동이지요. 집안일을 하기 위해 아이를 보행기에 앉혀 두고 안 보이는 곳에서 일을 하는 것만으로도 아이는 극심한 불안을 경험하게 되고, 이 경험은 아이의 기억 속에 남아 더 큰 불안을 낳습니다.

건강한 아이는 빠르면 두 돌 이후부터 엄마보다 세상에 훨씬 더 재미를 느끼고 제 발로 엄마 품을 벗어나게 되지요. 하지만 그 전에는 아이의 불안감을 충분히 감싸 주고 다독여 줘야 합니다. 아이와 더 많은 시간을 함께해야 하고, 언제나 엄마가 곁에 있다는 확신을 주는 것이 중요합니다. 만일 어쩔 수 없이 떨어져야 하는 일이 생기면 '엄마는 항상 너를 사랑하며 곧 돌아올 것'이라는 사실을 아이에게 분명히 알려 주세요.

거듭 강조하지만 부모와의 애착이 형성되는 첫돌 전까지는 될수록 아이와 많은 시간을 가져야 합니다. 그리고 아이가 아플 때는 아무리 바쁘더라도 반드시 곁에 있어 주세요. 아이는 가장 필요할 때 곁에 엄마가 없으면 무의식중에 절망하고 엄마를 향해 적개심을 갖는 등 부정적 애착 관계를 형성하게 됩니다.

낯가림이

너무 심한데,

괜찮을까요?

아이가 낯가림이 너무 심하면 엄마는 힘이 듭니다. 할머니, 할아 버지는 물론 고모나 삼촌에게도 안 가고, 심지어 아빠가 안경만 바 꿔 써도 울고불고 난리를 치니 엄마가 쉴 틈이 없지요. 시댁에 갔 다가 난리를 치고 울어 대는 아이 때문에 낭패를 보기도 합니다. 보고 싶던 손자가 그렇게 싫다고 울어 대니 시부모님도 마음이 안 좋으실 것 같아 죄송스러울 뿐이지요.

✽ 낯가림은 뇌가 발달했다는 증거입니다

아이는 세상에 대한 인식의 범위가 넓어지면서 자신과 다른 대상에 대해 두려움과 공포를 느끼게 되는데, 이를 '낯가림'이라고 합니다. 그 대상은 낯선 사람이 될 수도 있고, 경우에 따라 동물이나 소리, 혹은 상상으로 만들어 낸 대상이 되기도 합니다.

아이마다 차이가 있지만 대개 7개월 전후로 낯가림이 시작됩니다. 아무리 순한 아이라고 해도 이 시기가 되면 낯선 사람을 경계하고, 심한 경우 경기를 일으킬 만큼 울기도 합니다. 이는 엄마를 알아본 직후 나타나는 자연스러운 현상으로, 이전에는 아는 사람과 모르는 사람을 구분하지 못했지만 이젠 구분을 하고 두려움을 갖게 된 것입니다. 그만큼 기억력이 발달하고 나름의 사고 체계가 잡혔다는 것을 의미하지요.

기질에 따라 차이가 있지만 아이에게는 이제 새롭게 보고 듣는 모든 것이 무섭습니다. 하지만 대상을 무서워하는 자체가 바로 세상에 적응해 가는 과정입니다. 엄마는 낯을 가리는 아이 때문에 주변 사람에게 민망할 때가 종종 있지만, 낯가림 자체가 아이가 엄마를 알아본다는 의미이니 긍정적으로 생각해야 합니다.

✲ 낯가림 VS 분리 불안

낯가림과 분리 불안은 그 원인이 엄마와의 관계에서 비롯된다는 공통점이 있지만, 본질은 엄연히 다릅니다. 낯가림은 약 7개월부터 엄마가 아닌 낯선 대상을 싫어하는 현상이고, 분리 불안은 10~12개월 이후부터 엄마와 떨어지는 것 자체를 두려워하는 증상을 말합니다. 만일 엄마가 아닌 다른 주 양육자가 있다면 낯가림과 분리 불안은 그 사람과의 관계에서 비롯됩니다.

아이가 느끼는 두려움에 공감해 주세요

아이의 낯가림을 완화하는 가장 좋은 방법은 아이가 스스로 안전하다고 믿을 수 있게 조금씩 적응시키는 것입니다.

그 첫 번째 방법이 아이의 두려움에 공감해 주는 것입니다. 이제 막 세상을 알아 가는 아이에게 모든 것이 무섭고 두렵게 느껴지는 것은 당연합니다. 엄마가 먼저 아이의 편이 되어 무서워하는 아이의 마음과 울고 떼쓰는 행동을 이해해 주세요. 이와 함께 아이가 낯선 대상을 무서워할 때 그것이 두려운 존재가 아니라는 사실을 행동으로 깨닫게 해 주는 것도 효과적입니다.

또한 낯가림에 대비하여 평소에 아이로 하여금 부모가 보호하는 범위 안에서 호기심을 마음껏 충족시킬 수 있는 기회를 마련해 주세요. 평소에 부모가 보호를 핑계로 이것저것 제재를 가하고 억압한 아이일수록 낯가림이 심합니다.

이때 중요한 것은 '아이가 얼마큼 엄마를 신뢰하고 있는가' 입니다. 엄마를 완전히 믿을 수 있어야만 아이의 두려움도 사라집니다. 낯가림을 할 때 엄마가 보살펴 주면 이 믿음이 커져 점점 낯가림이 덜하게 되지만, 그렇지 않을 경우 점점 더 심하게 낯을 가리게 됩니다.

✱ 여러 사람 앞에 아이를 내놓는 것은 금물

낯가림을 없앤다고 아이를 낯선 사람 앞에 억지로 내놓는 부모가 간혹 있습니다. 제가 아는 아빠 중에도 그랬던 사람이 있습니다. 15개월 된 아들이 자꾸 낯을 가리자 "사내자식이 이렇게 심약해서 어디에 쓰냐"라며 온 친척들에게 인사를 시키고 어른들 틈에 억지로 앉히곤 했지요. 아이는 그 스트레스가 너무 심해 불안이 커졌고 그로 인해 밤에 잠을 자지 못했습니다. 급기야 치료까지 받게 되었지요.

낯가림을 억지로 극복하게 하려다 이처럼 되레 불안 장애를 일으키는 예가 종종 있습니다. 특히 엄마 없이 낯선 사람만 있는 곳에 아이를 내놓는 것은 절대 금물입니다. 새로운 사람을 만날 때에는 아이가 불안해하지 않도록 엄마가 같이 만나는 것이 좋습니다. 엄마 외에도 좋은 사람이 있다는 것을 아이 스스로 깨달아야 비로소 낯을 가리는 범위가 줄어듭니다. 처음에는 되도록 간단하고 짧게 만나고 점차 만남의 시간을 늘리며 적응할 시간을 주세요. 애착은 엄마와만 생기는 것은 아니므로 할머니, 할아버지, 이모 등 가까운 사람과도 자주 같이 있도록 배려해야 합니다.

낯가림은 대개 3세 정도가 되면 줄어드는데, 기질에 따라 조금씩 차이를 보입니다. 낯가림이 유독 심한 아이라면 굳이 억지로 극복하게 하기보다 아이의 기질을 존중해 주는 지혜도 필요합니다.

✱ 예민한 아이라면

예민한 아이는 낯가림을 할 시기가 아니더라도 기질상 다른 사람이 자기를 만지는 것을 싫어하고, 경우에 따라 누군가 자기 주변에 가까이 있는 것도 무서워합니다. 또한 자신을 바라보는 주변의 시선이나 사람들의 말 하나에도 상처를 받기 쉽습니다. 그러면서 여전히 엄마만 찾는 이런 아이의 낯가림을 줄이려면 아이의 행동을 충분히 받아 주고 사랑으로 대해 줘야 합니다. 또한 시간이 걸리더라도 아이가 낯선 대상에 스스로 적응해 가도록 인내심을 갖고 기다려야 합니다. 채근하거나 야단치지 말고 느긋한 마음으로 기다리면, 결국은 낯가림을 극복하게 될 것입니다. 엄마의 입장에서는 반 박자 늦게 반응한다는 생각으로 대응하시면 됩니다.

아이가
낯을 전혀 안 가려도

문제입니다

    강연장에서 한 엄마와 이야기를 나눈 적이 있습니다. 둘째를 낳았는데 아이가 너무 순해 이 사람 저 사람이 안아도 가만히 있는다며 자랑을 하더군요. 돌을 코앞에 두었다기에 낯가림은 안 하냐고 물었더니 이렇게 대꾸합니다.

    "낯을 가리긴요. 생전 처음 보는 사람이 와서 안아도 울지 않는걸요."

    낯을 전혀 가리지 않고, 아무도 무서워하지도 않는 아이. 기질이 너무 순해 보여서 엄마 눈에 예쁘게 비치기도 하겠지요. 하지만 낯을 전혀 가리지 않는다면 한 번쯤 심각하게 짚어 볼 필요가 있습니다.

❋ 애착에 문제가 있다는 증거입니다

낯가림이 너무 심하면 엄마들은 걱정을 합니다. 반면 아이가 낯을 전혀 가리지 않으면 앞의 사례에서처럼 '내 아이가 순한가 보다', '성격이 좋아 다른 사람에게 잘 안기나 보다' 하며 안심하는 경우가 있지요. 하지만 낯을 전혀 가리지 않는 것이 낯을 심하게 가리는 것보다 더 심각한 문제일 수 있습니다.

아무에게나 잘 안긴다면 엄마와의 애착이 잘 형성되지 않았을 가능성이 있기 때문이지요. 다시 말해 영·유아기에 가장 골치 아픈 증상인 '애착 장애'에 해당할 수 있습니다.

엄마를 가장 좋아하고 엄마에게 잘 안기면서 다른 사람에게도 관심을 보이는 것이 아니라면, 세상에 대한 불신으로 인해 주변인에게 아무런 느낌을 갖지 않는 것일 수 있습니다. 그러니 아이가 전혀 낯을 가리지 않는다면 평소 엄마와의 애착에 문제가 있지는 않은지 점검해야 합니다.

이 밖에도 아이를 너무 이른 시기에 어린이집 등에 맡겼다면 다른 아이보다 여러 사람이 돌봐 주는 환경에 일찍 노출이 되어 낯가림이 적을 가능성이 있습니다. 엄마와의 애착이 생기기도 전에 보모 선생님들과 만나다 보니 엄마가 특별한 존재로 인식이 되지 않아 그럴 수 있지요. 그럴 때는 아이가 집으로 돌아왔을 때 함께하는 시간을 충분히 갖고 안아 주고 놀아 주면 좋아집니다.

✱ 지능이 떨어지는 아이는 낯을 가리지 않습니다

낯가림이 없는 아이 중에 간혹 자폐 스펙트럼 장애가 있는 아이들이 있습니다. 이 아이들은 자폐 스펙트럼 장애로 인해 엄마와의 교감이 제대로 이뤄지지 않고 세상을 제대로 인식하지 못합니다. 그만큼 사회성이 떨어지고 타인에 대한 인식이 부족해 낯을 가리지 않게 됩니다. 또한 지능이 떨어져도 낯가림이 늦거나 덜합니다. 엄마와 타인을 제대로 구별해 낼 만큼 뇌가 발달하지 않은 것이지요.

정성껏 보살피고 아이와 함께한 시간이 충분했는데도 8개월 전후로 낯가림이 전혀 생기지 않는다면 발달의 이상 여부를 진단 받아 볼 필요가 있습니다.

낯선 것을
극도로 무서워해요

　큰마음 먹고 아이와 함께 첫돌 기념 여행을 떠났던 엄마가 좋아할 줄 알았던 아이가 울고 보채기만 해서 여행 내내 속상했다고 하소연을 한 적이 있습니다. 경모를 키우며 첫 여행을 갔을 때 저도 비슷한 경험을 했습니다.

　제 딴에는 새로운 자극을 주려고 평소에 가 본 적 없는 바다로 데려가 파도 소리를 들려주고 바닷물에 발도 담그게 해 주려고 했지요. 그런데 경모는 발을 담그기는커녕 파도 근처에만 가도 기겁을 하고 울어 대는 통에 여행이 엉망이 되었습니다. 지금 생각하면 새로운 것에 느리게 적응하는 경모에게 여행이라고 다를 리 없는데 제가 왜 그랬을까 싶습니다.

✱ 돌 전에 너무 새로운 자극은 좋지 않습니다

엄마들은 아이들이 새로운 자극과 경험을 좋아할 것이라고 기대하지만, 실상은 그렇지 않습니다. 특히 돌 전 아이들의 경우가 그렇습니다. 아이들이 새로운 것에 적응하는 과정을 잘 지켜보세요. 말하고 춤추는 인형을 아이가 선물 받았다고 해 봅시다. 처음에 아이는 좋아하기보다 우선 경계를 합니다. 소스라치게 놀라 우는 아이도 있지요. 인형이 말을 하고 춤도 추는 게 낯설고 두려운 것입니다. 그러다 시간이 지나면 용기를 내어 슬쩍 만져 보고 탐색을 시작합니다.

새로운 자극을 받아들이는 데에는 이렇게 시간이 필요합니다. 그러니 적어도 첫돌까지는 낯선 곳을 여행하는 일은 피하는 것이 좋습니다. 낯선 환경은 아이에게 스트레스가 될뿐더러 엄마들이 생각하는 것만큼 다양한 경험으로 받아들여지지 않습니다.

✱ 낯선 자극에 적응하도록 충분히 기다려 주세요

아이가 낯선 것을 무서워하는 것은 당연한 일입니다. 새로운 것을 무서워하다가 조금 시간이 지나면 호기심을 가지고 궁금해하고, 그런 다음에야 익숙해지고 좋아하게 되는 것이 자연스러운 단계이지요. 이를 무시하고 밀어붙이면 아이는 상처를 받고 위축되게 마련입니다. 특히 주의해야 할 것은 무서움이 너무 커지면 호기심과 학습 욕구마저 사라져 버린다는 사실입니다. 아이가 낯선 것을 두려워하면 낯선 자극에 적응할 시간을 주고 안심시키며 기다려 주어야 합니다.

아이가
아빠를 거부해요

　저녁 8시, 보행기를 타고 거실을 돌아다니던 아이가 초인종 소리
에 일순 긴장합니다. 그리고 아빠의 등장, 이어 터지는 아이의 울
음소리! 이건 정말 너무하다 싶습니다. 눈앞에 곰이라도 나타난 것
처럼 어찌나 크게 우는지 보기가 다 민망할 정도지요.

　"해도 해도 너무하는 거 아냐?"

　아빠의 볼멘소리가 안 나올 리 없지요. 대체 문제가 뭘까요?

✱ 아빠에게도 낯을 가릴 수 있습니다

　생후 8개월까지 육아의 목표는 주 양육자와의 애착 형성이라고

해도 과언이 아닙니다. 그 발달 과업에 대한 성적표라 할 수 있는 것이 바로 낯가림이지요. 그러니 이 경우 아이에게 문제가 있는 것은 전혀 아닙니다. 다만 아빠와의 애착 관계가 형성되지 않았다는 점은 한번 생각해 봐야 합니다. 물론 엄마와 아이의 애착이 제일 중요하지만 8개월쯤 되면 매일 보는 아빠나 할아버지, 할머니와도 애착이 형성될 수 있도록 해야 합니다.

평소 아빠와 지낸 시간이 적어 애착 관계가 잘 형성되지 않았다면 아이는 낯을 가리기 시작하는 8개월 전후에 아빠를 싫어하거나 아빠만 보면 울어 버립니다. 한편 대부분의 아빠들은 여성보다 목소리가 크고 굵으며 아이와 과격하게 노는 경향이 있습니다. 그러다 보니 예민한 아이의 경우 아빠를 거부할 수도 있는데, 그런 아이의 반응에 너무 실망하거나 낙담할 필요는 없습니다. 어떤 이유로든 아이와의 유대감을 쌓지 못한 아빠라면 지금부터라도 노력해야 합니다. 밖에서 동분서주 바쁘게 일하고 있겠지만, 적극적으로 육아를 담당해 지친 아내를 쉬게 해 주고 아이와의 애착 관계도 잘 형성해 나가길 바랍니다.

✱ 아이에 대한 정보를 아빠에게 알려 주세요

엄마 역시 아빠의 육아 참여를 적극적으로 유도할 필요가 있습니다. 하루아침에 아빠와 아이가 친해질 수는 없습니다. 어떻게 놀아 주면 좋은지, 아이가 무엇을 좋아하고 싫어하는지 등 엄마가 알고 있는 정보를 아빠에게 알려 주세요. 그것이 가족 모두를 위한 길입니다.

아빠가 아이와 친해질 수 있는 가장 좋은 방법은 아이와 놀아 주는 것입니다. 이 시기 아이들은 몸을 움직여 노는 것을 좋아하므로 아빠와의 활동적인 놀이를 좋아한답니다. 아빠가 아이와 신나게 놀 때 엄마는 둘만의 애착이 생기도록 지켜보기만 하는 것이 좋습니다.

Chapter 4

버릇

아이가
곰 인형만
안 보이면 울어요

　아이가 곰 인형에 집착을 한다고 무슨 병이 아니냐며 찾아온 엄마가 있습니다. 인형을 안고서야 잠을 자고, 잠시라도 그 인형이 안 보이면 울고불고 난리를 친답니다. 얼마나 손에 쥐고 놓지 않는지 하얀 인형이 시커멓게 됐는데도 빨 수조차 없다고 하네요. 처음엔 그러려니 하고 넘겼는데 슬며시 걱정이 되어 병원까지 찾은 것이지요. 곰 인형에 대한 별난 집착이 병은 아닌가 하고요.

❋ '자신만의 엄마'를 만드는 아이들

　요즘 부모들은 애정 결핍에 대해 지나칠 만큼 걱정합니다. 분명히 넘칠 만큼 애정을 쏟아붓고 있음에도 불구하고, '이게 맞는 건가' 하는 의구심으로 아이가 조금만 평소와 다른 행동을 보여도 걱정을 하지요. 8~9개월이 되면 아이들은 옷이나 이불, 인형, 엄마의 머리카락 등 따뜻하고 촉감이 좋은 특정 대상에 열정적으로 집착하는 행동을 보이기도 합니다. 이렇게 아이에게 심리적 안정을 주는 물건들을 '과도기 대상(Transitional Object)'이라고 부릅니다. 쉽게 설명하자면, 아이가 상상 혹은 무의식중에 만든 '자신만의 엄마'라고 할 수 있습니다.

아이가 과도기 대상에 몰입하는 것은 엄마로부터 정신적으로 독립하기 전의 과도기적 상태에서 엄마의 느낌을 주는 물건에 집착하는 현상입니다. 엄마로부터 독립하려면 일시적으로 엄마를 대신하는 무언가가 필요하기 때문이지요. 발달상 있을 수 있는 자연스러운 현상이니 걱정하지 않아도 됩니다.

❋ 아이와 거래하지 마세요!

아이가 특정 대상에 집착할 때 "인형 대신 맛있는 것 사 줄게"하며 거래를 해서는 안 됩니다. 아이가 필요한 것은 엄마의 사랑과 관심이지 물질적인 보상이 아니기 때문입니다. 이는 임시적인 해결책이 될 수 있을지는 몰라도, 아이에게 내재된 불안이나 엄마에 대한 그리움을 근본적으로 해결해 주지는 못합니다. 이 방법보다는 시간이 걸리더라도 관심과 애정을 갖고 아이를 보살피는 것이 현명합니다.

✳ 평소보다 더욱 안아 주고 사랑해 주세요

대부분의 아이는 잘 때 혹은 평소보다 심한 심리적인 억압을 느낄 때 이런 과도기 대상에 더욱 집착합니다. 병원처럼 낯설고 두려운 환경에 놓이면 좋아하는 인형이나 옷을 만지며 안정과 위안을 느끼는 것이지요. 그 때문에 과도기 대상에 대한 집착은 아이의 심리적인 압박감을 진단할 수 있는 잣대가 되기도 합니다. 과도기 대상에 여느 때보다 지나치게 집착한다면, 부모가 미처 알아채지 못한 이유로 아이가 심리적인 압박을 느끼고 있다는 뜻입니다.

이럴 때는 자주 안아 주고 뽀뽀해 주는 등 스킨십을 많이 하는 것이 제일 좋은 처방입니다. 엄마 품에서 따뜻한 체온과 부드러운 촉감을 통해 '진짜 엄마'의 존재를 자주 확인시켜 줌으로써 아이가 안정감을 느끼도록 하는 것이지요.

이런 행동들은 늦어도 4세 정도가 되면 자연스럽게 줄어듭니다. 4세 이전에 이 집착 행동을 억지로 막는 것은 아이에게 스트레스가 되므로 좋지 않습니다.

✱ 자폐 스펙트럼 장애가 의심되는 애착 행동

특정 물건에 대한 집착은 시간이 지나 아이가 정서적·인지적 성숙을 이루면서 점차 없어집니다. 그런데 아이가 한 물건이나 감각에 지나칠 정도로 강한 집착을 보인다면 아이에게 문제가 있는 것일 수 있습니다. 그리고 집착하는 물건 이외의 다른 놀잇감에 관심이 없다면 인지 발달에 지장을 주게 됩니다.

특히 이와 함께 말과 행동 발달이 느리고, 같은 행동을 계속 반복하며, 주변 사람에게 도무지 관심을 보이지 않는다면 자폐 스펙트럼 장애 등의 정신 질환을 의심해 봐야 합니다. 시간이 지나도 아이의 행동에 아무런 변화가 없거나 집착의 정도가 강해지고, 위와 같은 이상 증상이 있다면 전문의를 찾아 정확한 진단을 받는 것이 좋습니다.

기저귀만
벗겨 놓으면
고추를 만져요

　말도 잘 못하는 아이가 자위행위 비슷한 행동을 하면 엄마들은 당황해 어쩔 줄 모릅니다. 한 엄마는 시댁에서 기저귀를 갈다 잠깐 눈을 돌린 사이 아이가 고추를 만지작거려 무척 민망한 적이 있다고 합니다. 그런데 성기를 만지는 아이 행동에 과민한 반응을 보일 필요는 없습니다. 아이가 성기를 만지며 즐거워하는 것을 어른의 성 관념을 잣대로 판단해서는 안됩니다.

* 아이에게도 성욕이 있다?

　아이에게 설마 성욕이 있을까 생각하겠지만 성욕이 있다는 것이 정답입니다. 아이의 성욕, 즉 '유아 성욕'은 프로이트에 의해 처음 제시되었습니다. 프로이트는 이차성징이 나타나는 사춘기에 성욕이 처음 생기는 것이 아니라 영·유아기에도 성욕이 있으며, 이는 지극히 정상적인 것이라고 주장했습니다.

하지만 아이의 성욕은 어른들의 성욕과 본질적으로 다릅니다. 어른의 성욕이 성적인 상상력을 동반하고 성교를 목적으로 하는 것인 반면, 아이의 성욕은 단순히 즐거움을 추구하는 감각적 요소만 존재합니다.

즐거움을 추구하는 것은 아이, 어른 할 것 없이 사람이라면 누구나 가진 본능입니다. 따라서 아이의 이런 행동을 정신적인 문제로 치부해서는 안 됩니다.

✤ 빠르면 생후 6개월부터 성기에 손을 댑니다

돌 전 아이가 성기를 만지는 것은 자기 몸을 더듬다가 우연히 성기 부위를 만지거나, 기저귀를 갈다가 성기가 자극을 받았을 때 쾌감을 맛봐 시작하는 경우가 대부분입니다. 처음에는 호기심이나 장난으로 만지작거리다가 점차 놀이로 삼는 것이지요. 돌 이후에는 기저귀를 차고 걸을 때 성기가 자극을 받는 감촉을 좋아하기도 하고, 보행기에 앉아 성기가 자극을 받도록 다리를 모아 쭉 뻗는 행동을 반복하기도 합니다. 이 같은 행동은 성장 과정에서 흔히 보이는 자연스러운 현상입니다.

그렇다고 그냥 두면 남 앞에서 민망한 경우가 종종 생기지요. 이때에는 즐겁고 재미있는 놀이를 통해 아이의 관심을 돌려 주세요. 돌 전 아이의 경우 재밌는 관심거리가 생기면 얼마든지 집착하던 놀이로부터 시선을 돌릴 수 있습니다. 단, 그것이 애착 장애 같은 정서적 불안으로 인한 집착이 아니라면 말이지요.

✱ 원인은 다양합니다

영·유아의 자위행위가 발달상의 자연스러운 과정이기는 합니다만, 아이가 가진 불안감이 그 행동을 증폭시키기도 합니다. 예를 들어 갑자기 젖을 떼거나 동생이 생기는 등 신변에 변화가 생겨 스트레스를 받을 때, 친구나 장난감이 없어 심심할 때, 부모를 비롯한 다른 사람들로부터 관심과 사랑을 충분히 받지 못할 때, 부모가 지나치게 위생에 신경 쓴 나머지 평소에 성기를 과도하게 씻길 때 등이 이에 해당합니다.

원인을 알아보지 않고 무조건 아이 손을 잡아채거나 야단을 치면 아이의 불안감만 증폭시킬 따름입니다. 그럴수록 더욱 관심과 애정을 쏟으면서 아이를 재미있게 해 주기 위한 묘책을 찾아보세요. 주변 환경이 아이를 긴장하게 하는 것은 아닌지 늘 점검하고, 다른 즐거운 자극을 주면 자연히 성기에 대한 관심이 줄어들 것입니다.

프로이트가 말한 성 본능 발달 단계 Tip

프로이트는 인간이 태어날 때부터 가지는 성 본능 에너지를 '리비도(Libido)'라 정의하면서 성 본능의 발달을 이렇게 나누어 설명했습니다.

그에 따르면 1단계인 생후 1년간은 '구순기'로 입술을 통해 자극을 받아 리비도가 활성화됩니다. 엄마의 젖이나 고무젖꼭지를 빠는 행동 모두가 성 본능을 충족시켜 준다는 것입니다. 프로이트는 그중에서도 아이가 가장 좋아하는 것이 바로 '엄지손가락 빨기'라고 했는데, 현재의 많은 정신분석학자는 빨기 본능을 더 이상 아이의 성욕과 연관 지어 설명하지 않습니다. 엄지손가락을 빠는 것도 성 본능이라기보다는 습관화된 행동으로, 애정이나 충족감과 더 연관된다는 이론이 지배적입니다.

2단계는 입보다 배설 기관을 통해 쾌감을 갖는 시기로, 이른바 '항문기'라고 합니다. 대개 배변 훈련을 시작하는 무렵부터 3~4세까지가 해당됩니다. 이 시기의 아이는 자신의 배설물에 관심과 흥미를 갖고 만지면서 놀려는 경향이 있습니다. 또한 배설물을 잃어버리기 싫은 자신의 신체 일부처럼 여기기도 합니다.

3단계는 '남근기'로 대개 4~6세의 유아들이 이 단계에 해당합니다. 이 시기 아이들은 성기에 대한 관심이 커 장소를 가리지 않고 만지작거리는 행동을 해 부모를 당황하게 합니다. 또 자신뿐만 아니라 성이 다른 친구나 엄마, 아빠의 성기에 관심을 갖기도 합니다.

4단계는 '잠재기'로 취학 무렵의 아이들이 바깥 세계에 관심을 가지게 되면서 성욕이 잠재되는 것을 말하고, 5단계인 '생식기'는 또 다른 남근기로 사춘기가 되면서 남녀 사이의 차이를 알고 서로 호감을 갖는 '성애(性愛)'의 감정을 확립하는 시기입니다.

화가 나면
물건을 던지고

머리로 바닥을 받아요

  첫돌 즈음에 경모가 과자를 달라고 해서 봉지째 주지 않고 그릇에 담아 주자 그릇을 엎고 침을 뱉으며 난리를 피웠어요. 5분쯤 분풀이를 하더니 잠잠해지더군요. 아이가 이렇게 난리를 치는 것은 '화'라는 감정을 느끼고 배우기 시작하기 때문입니다. 화가 치밀 때 어떻게 대처해야 하는지 모르는 것이지요. 이 시기 아이들에게는 감정을 조절할 능력이 없으니까요.

✳ 돌 전의 과격한 행동은 의도성이 없습니다

  돌 전 아이가 화를 내며 물건을 던지고 머리로 바닥을 받아 "우리 아이가 자해를 해요!"라며 아주 심각한 얼굴로 병원에 오는 부모들이 있습니다. 하지만 이런 행동은 자해가 아니라 부정적인 감정을 스스로 조절할 능력이 없어 나타나는 것입니다. 이때 억지로 가르치다 보면 학대로 진행되기까지 합니다.

첫돌까지 아이들의 과제는 생리적인 자기 조절 능력을 배우는 일입니다. 여기에는 부정적인 감정을 조절하는 것도 포함되지요. 아이가 전에 없이 과격하게 싫다는 감정을 표현한다면 '이제 우리 아이가 감정을 조절하는 법을 배울 시기가 되었구나' 하고 이해하면 됩니다.

젖을 뗄 시기가 오는 것처럼 감정 발달에 있어서도 싫다는 것을 표현하고, 부정적인 기분을 표현하는 시기가 온 것이지요. 이는 발달상 아주 자연스러운 현상입니다. 아이마다 약간의 차이가 있지만 두 돌까지는 충동을 조절하는 능력이 완벽하게 생기지 않습니다. 그걸 익히고 배우는 단계이지요.

따라서 돌 전 아이의 과격한 행동은 분노와 같은 감정을 느낌 그대로 표현하는 것으로 이해해야 합니다.

❋ 과격한 행동을 바로잡으려면

아이가 화가 나는 감정을 조절하지 못해 과격한 행동을 한다면 엄마는 어떻게 해야 할까요? 우선은 엄마 감정부터 차분히 가라앉히세요. 물론 아이가 화내는 모습을 아무렇지도 않게 받아들일 수는 없겠지만, 엄마가 함께 흥분하거나 화를 내면 아이는 그에 자극을 받아 안정하기가 더 어려워집니다. 아이가 분노를 표현하면 아이를 기다려 주고 담담하게 지켜볼 수 있어야 합니다. 그러니 화를 내는 아이가 스스로 화를 가라앉힐 때까지 한 걸음 떨어져서 지켜봐 주세요. 스스로 화를 가라앉히는 능력을 배우는 것은 이 시기의 매우 중요한 과제입니다.

아이의 화가 가라앉으면 엉망이 되어 있는 장소나 깨진 것들을 아이와 함께 정리해 아이 스스로 자신이 저지른 일에 책임을 지게끔 해야 합니다. 아이는 이런 과정을 통해 화를 내면서 가진 죄책감이나 자신의 행동으로 인해 엄마의 사랑을 잃을지도 모른다는 불안감에서 벗어나게 됩니다. 이는 부정적인 자아상을 가질 가능성을 줄여 주는 역할을 하지요.

❋ 멍이 들 만큼 심하게 머리로 받는다면?

돌 전 아이가 벽이나 바닥을 머리로 받는 경우가 종종 있습니다. 이런 행동은 대개 두 돌이 지나면 저절로 없어지고, 다행히 그렇게 머리로 받아도 뇌에 손상을 입는 경우는 극히 드뭅니다. 그렇지만 만일의 사태에 대비해 아이가 머리로 잘 받는 바닥이나 벽에 방석이나 스펀지 등을 미리 대어 두는 게 좋습니다. 또한 아이가 그런 행동을 보일 때 관심을 다른 방향으로 돌릴 수 있도록 재미있는 놀이나 장난감 등을 준비해 두도록 합니다.

✳ 알아듣지 못해도 설명해 주세요

아이가 알아듣지 못하더라도 그것이 옳지 않은 행동이라는 것을 알려 주어야 합니다. 돌 전후의 아이는 엄마가 하는 말을 완벽하게 알아듣지는 못하지만, 엄마 표정이나 몸짓 등을 통해 무엇을 해도 되고 안 되는지 느낍니다. 엄마가 말로 충분히 설명을 해 주면, 그 분위기만으로도 아이는 자신이 잘못된 행동을 했다는 것을 알게 되지요.

설명을 마친 후에는 항상 아이를 따뜻하게 안아 주세요. 잘못은 했지만 엄마는 그 행동을 이해하고 언제나 변함없이 사랑한다는 것을 아이가 알게 하는 것이 중요합니다.

이 모든 과정에서 가장 중요한 것은 엄마가 끝까지 평정심을 잃지 않아야 한다는 점입니다. 중간에 갑자기 화를 내거나 지쳐서 포기해 버리면 아이에게 충동 조절 능력을 길러 줄 수 없습니다. 충동 조절 능력은 하루아침에 길러지지 않아요. 수개월, 길게는 1년

이상 걸리는 일이지요. 엄마가 이 점을 충분히 이해한 뒤 아이가
부정적인 기분을 조절할 수 있는 능력을 키울 수 있도록 따뜻하게
돌봐 주어야 합니다.

아이가

손가락을 빨아도

걱정하지 마세요

아이가 생후 3개월 무렵부터 손을 빨기 시작했는데 돌이 다 되도록 계속 빨고 있다며 혹시 애정 결핍이 아니냐고 묻는 부모들이 있습니다. 처음에는 배가 고프거나 졸릴 때만 빨더니 요즘엔 거의 하루 종일 엄지손가락을 물고 있는 것 같다고 말이지요. 손을 입에 가져갈 때마다 억지로 빼내자니 아이가 스트레스를 받을 것 같고요. 손가락 빠는 아이, 그냥 두어도 될까요?

✽ 생후 6개월 전 아이가 손가락을 빨 때는

생후 6개월 전후의 아이들에게서 흔히 보게 되는 행동이 손가락 빨기입니다. 이때까지는 아이가 손을 입으로 가져가는 것이 자연스러운 일입니다. 이 시기의 아이는 무엇이든 입으로 가져가 물거나 빨려고 하는데, 손가락을 빠는 것도 같은 맥락에서 해석할 수 있습니다.

대개 시간이 흐르면 부모가 신경 쓰지 않아도 저절로 손가락 빠는 것을 멈춥니다. 손가락을 빠는 것보다 아이에게 즐거움을 주는 것이 훨씬 더 많이 생기니까요. 따라서 생후 6개월 정도까지는 아이가 손가락을 빨고 있어도 크게 문제시하지 않아도 됩니다.

✳ 무료함을 달래는 수단일 수도 있습니다

만약 생후 6개월이 지나서도 손가락을 계속 빤다면 무료함을 달래기 위해 습관적으로 손가락을 빠는 것일 수 있습니다. 이럴 경우 평소에 엄마 아빠가 잘 놀아 주었는지, 아이 주변 환경이 너무 심심하지는 않은지 생각해 봐야 합니다. 하지만 분리 불안 장애가 아니라면 손가락이나 고무젖꼭지를 빠는 것은 심리적으로 큰 문제가 되지 않는다는 것이 지배적인 견해입니다. 엄마와의 관계가 원만하다면 잠들기 전이나 심심할 때, 배고플 때 조금씩 손가락을 빠는 것은 괜찮습니다.

❋ 비법이 따로 있는 것은 아닙니다

아이를 키우는 모든 일이 그렇듯, 손가락을 빠는 것을 당장 막을 수 있는 비법은 없습니다. 그러니 심하지 않다면 느긋한 마음을 가지고 따뜻한 성장 환경을 마련해 주고 지속적으로 사랑을 표현해 주세요. 말도 알아듣지 못하는 아이를 함부로 야단치거나 억지로 빨지 못하게 하면 아이에게 스트레스를 주고 반항심만 키울 뿐입니다. 그러면 더 심하게 손가락을 빨 수 있습니다. 빠는 것을 대신할 인형이나 좋아하는 장난감, 신나는 놀이 등으로 관심사를 다른 곳으로 유도하는 것도 좋습니다.

이런 방법은 쓰지 마세요 Tip

어떤 부모들은 아이가 손가락을 빨지 못하게 하기 위해 온갖 방법을 동원합니다. 손가락에 쓰디쓴 약물이나 겨자, 검은 매직 등을 바르기도 하고, 아예 손가락에 반창고를 붙이거나 붕대로 손가락을 감아 버리는 사람도 있습니다. 하지만 이 모든 방법은 별 효과도 없을뿐더러 아이에게 좌절감을 안겨 줄 수도 있습니다.

또 아이가 손을 입으로 가져갈 때마다 윽박지르는 엄마도 있는데, 이는 어른으로 치자면 맛있는 음식을 못 먹게 하는 것과 다르지 않습니다. 그만큼 아이에게 참기 힘든 일이므로 억지로 강요해서는 안 됩니다.

Chapter 5
성격&기질

타고난 기질이라고

다 받아 주지 마세요

아이마다 독특한 기질이 있습니다. 기질이란 태어나면서부터 가지고 있는 특성을 말하지요. 기질은 아이가 자라는 과정에서 엄마와 주변 사람들, 또래 친구들과의 관계 양상에 따라 보다 발전적으로 변하기도 하고, 때로 기질로 인한 어려움이 더 커지기도 합니다. 무엇보다 기질상의 문제가 아이의 정서 발달에 지장을 주지 않도록 잘 조절해 주는 지혜가 필요합니다.

✱ 아이마다 기질이 있습니다

나면서부터 순하고 조용한 아이가 있는 반면 한시도 가만히 있지 않고 활개 치며 돌아다니는 아이가 있고, 유독 예민하고 짜증이 많은 아이가 있는 반면 매사에 낙천적이고 잘 웃는 아이가 있습니다. 새로운 환경에 적응을 잘하는 아이도 있고, 낯선 것에 겁을 먹는 아이도 있습니다.

이렇듯 아이들은 저마다의 행동 특성을 보이는데, 나면서부터 아이가 갖고 태어나는 이런 성격적 특성을 '기질(Temperament)' 이라고 합니다.

＊ 엄마와 아이의 궁합이 맞아야

아이를 키울 때 기질 자체가 문제가 되는 경우는 없습니다. 그 기질이 엄마의 양육 태도나 성격과 충돌할 때 문제가 발생합니다.

예를 들어 집 안에 먼지 하나 있는 것을 못 견딜 정도로 지나치게 깔끔한 엄마가 산만하고 어지르기만 하는 기질의 아이를 키운다면, 그 엄마는 아이의 행동에 간섭을 하고 사사건건 야단을 치게 마련입니다. 그러면 아이는 엄마에 대한 배신감 때문에 절망하고 분노를 느끼게 되어 더욱 산만한 행동을 보이게 되지요. 즉 아이의 기질이 부정적인 방향으로 발현되는 것입니다. 그러므로 아이를 기질에 맞게 잘 키우기 위해서는 아이 기질뿐 아니라 엄마의 성격과 양육 방식까지 정확히 파악해야 합니다. 특히 엄마가 부모로서의 자신을 객관적으로 평가해야만 아이의 기질적 장단점을 바르게 이끌어 갈 수 있습니다.

✷ 기질에 대한 오해

흔히 기질을 잘 살려 주라는 말을 많이 하는데, 이 말을 타고난 모습 그대로 두라는 말로 해석하는 부모들이 있습니다. 또 저를 찾아오는 엄마들 중에도 영·유아기의 아이에게 전폭적인 사랑을 쏟으라는 제 말을 기질상의 문제조차 그냥 받아 주라는 의미로 오해하는 엄마들이 있습니다.

아이의 기질을 잘 살려 주라는 말과 무조건적인 사랑을 쏟으라는 말의 의미는 기질적 특징에 맞춰 아이를 키우는 데 정성을 다하라는 의미입니다. 기질상의 결함이 아이에게 부정적인 영향을 미치지 않도록 말이지요.

제가 이런 말을 하면 또 어떤 부모들은 성급하게 기질적 결함을 고치려고 듭니다. 예를 들어 아이의 소심한 성격을 바꿔 보겠다며 일부러 아이를 밖으로 내보내고 사람들 앞에 내세우는 식으로 말입니다. 하지만 이런 경우 아이의 소심한 기질이 더욱 강화될 수 있습니다. 아이가 기질상 소심하다면 우선 그 기질을 인정하고 낯선 사람이나 시끄러운 환경으로부터 아이를 보호해 주는 것이 좋습니다. 그러면서 엄마가 충분히 애정을 쏟아 그 안에서 자신감을 얻고 활기를 찾게 도와주어야 합니다.

* 기질에 따른 양육법

① 순한 아이

순한 아이는 영·유아기 동안 몸의 리듬이 규칙적입니다. 잠자고 먹는 것이 순조롭고, 행복하고 즐거운 감정 표현을 많이 하지요. 낯선 상황, 낯선 사람, 새로운 음식에도 적응을 잘합니다. 많은 아이가 이 부류에 해당합니다. 순한 아이들은 편하게 키울 수 있는 장점이 있지만 그렇기 때문에 부모의 관심에서 벗어나기 쉽습니다. 또한 순한 기질의 아이도 환경이 좋지 않고 스트레스를 받으면 문제 행동을 일으킬 수 있습니다. 따라서 아이와 친밀감을 쌓을 시간을 자주 마련하고 꾸준히 관심과 사랑을 표현해야 합니다.

② 까다로운 아이

까다로운 아이는 영·유아기 동안 몸의 리듬이 불규칙합니다. 쉽게 만족할 줄 모르며, 칭얼대거나 짜증 내는 방식으로 부정적인 감정 표현을 많이 하지요. 환경 변화에 민감하기 때문에 변화에 적응하는 데 많은 시간이 걸립니다. 좋고 싫음이 명확한 경우가 많고,

키우는 데 힘이 들지요. 까다로운 기질의 아이를 부모의 뜻에 억지로 맞추려 들면 부모와 아이의 관계에 문제가 발생하기 쉽고, 심한 경우 정신적인 장애로 이어질 가능성이 있으니 주의해야 합니다. 아이가 까다로운 기질을 타고났다면 무엇보다 인내심을 갖고 적절한 지도 방법을 찾아 꾸준히 지도하는 것이 중요합니다.

③ 늦되는 아이

늦되는 아이는 몸의 리듬이 규칙적이고 주로 긍정적인 감정 표현을 하지만, 이런 감정을 표현하기까지 시간이 걸립니다. 순한 면도 있지만 새로운 환경에서 움츠러들며 적응 기간이 긴 것이 특징이지요. 이런 아이들은 뭐든 늦되게 익히기 때문에 가르치는 데 어려움이 있습니다. 만약 부모가 성급하여 새로운 것을 가르치면서 빨리 따라오지 못한다고 다그치면, 아이는 반항하여 더 배우기 싫어하는 악순환이 생깁니다. 아이의 기질을 이해하고 기다려 주어야 합니다.

아이가
너무 까다롭고 예민해서
미치겠어요

아이가 까다롭고 예민해서 너무 힘들다는 엄마가 있습니다. 기저귀를 갈아 주고 젖을 주고 안아 줘도 울음을 멈추지 않고, 잠에서 깰 때에도 울지 않은 적이 한 번도 없답니다. 잠투정은 또 왜 그리 심한지, 졸릴 때마다 그 투정을 다 받아 주자니 너무 힘들어 엄마도 모르게 손이 올라간 적도 있답니다. 이러다 아이가 미워지지 않을까 엄마는 걱정이 태산입니다.

✻ 열에 하나는 까다로운 기질을 타고납니다

누구나 자신의 아이는 순한 기질을 가졌길 바랍니다. 하지만 평균 10명의 아이 중에 1명은 까다로운 기질을 가지고 태어납니다. 까다로운 기질의 아이들은 잘 달래지지 않고 잠도 깊이 자지 않아 신생아 때부터 엄마를 괴롭게 하지요. 좀 자라서는 분리 불안과 낯가림이 심해 엄마 이외의 사람에게 잘 가지 않고, 입맛도 까다롭고 매사에 쉽게 넘어가는 일이 없습니다. 이렇다 보니 순한 기질을 가진 아이의 엄마보다 까다로운 기질을 가진 아이의 엄마가 육아 스트레스를 배는 더 받게 되지요.

무엇보다 큰 문제는 이런 아이일수록 엄마와 애착을 형성하기가 어렵다는 점입니다. 하지만 엄마가 이런 기질을 고려하여 아이를 세심하게 대하면 자라면서 안정적인 성격이 될 수 있습니다.

✹ 부모 마음이 편해져야 합니다

아무리 아이의 까다로운 기질 때문에 힘이 들더라도 아이 탓을 해서는 안 됩니다. 아이라고 까다로운 기질로 태어나고 싶었겠어요? 기질이 까다로워서 가장 힘든 사람은 아이 자신입니다. 작은 자극도 쉽게 넘기지 못하고, 음식도 잘 먹을 수 없을뿐더러 잠도 잘 자지 못하니까요. 이때 마땅히 보호하고 사랑을 줘야 할 부모가 야단을 치고 화를 낸다면 아이는 당연히 마음에 상처를 입을 수밖에 없습니다.

무엇보다 중요한 것은 부모가 마음을 편하게 먹고 감정적으로 차분해지는 것입니다. 아이는 부모를 그대로 보고 배우므로, 부모가 화를 내는 모습을 보이면 까다로운 기질에 분노의 감정까지 덧씌워지게 됩니다. 반대로 부모가 느긋한 모습을 보이면 그러한 부모의 모습을 통해 기질적인 불안함을 딛고 안정적인 성격을 만들어 갈 수 있습니다. 그러니 아이의 까다롭고 예민한 행동 반응을 고치려 하기보다는 아이의 기질을 인정하고 받아들여 주세요.

✻ 아이가 환경에 적응하도록 충분히 기다려 주세요

아이의 예민한 기질이 돌출 행동으로 드러나는 것을 막으려면 아이에게 낯선 자극을 많이 주어서는 안 됩니다. 기질이 예민한 아이라도 시간이 흐르면 뇌가 성장하면서 머리나 인지능력이 좋아지기 때문에 꾀를 써서 세상에 적응하기 시작합니다. 그러므로 그때까지는 아이를 보호하고 기다려 줘야 합니다. 변화를 추구하되 아이가 적응할 수 있도록 시간적 여유를 가져야 한다는 말입니다. 성격이 급한 부모의 경우 매우 힘들 수도 있지만 까다로운 아이를 기를 때에는 기다리는 것만큼 좋은 방법이 없다는 것을 기억하길 바랍니다.

덧붙여 말하자면, 기질상 까다로운 아이들은 낯선 사람을 보면 울음을 터트려 엄마 아빠를 당황하게 하는 경우가 많습니다. 이때 아이를 혼내기보다는 아이가 안정을 찾을 때까지 다른 사람과 대면하지 않게 하는 편이 좋습니다.

아이가
유난히
극성맞다면

유난히 과격한 행동을 하는 아이들이 있습니다. 부모들은 "다른 아이들은 얌전하고 착해 천사 같은데 우리 아이만 왜 이런가요?" 하고 묻습니다. 대개 남의 아이는 장점만 보이고 내 아이는 단점만 보이지요. 아이에 대한 기대와 욕심이 크기 때문입니다. 그러면서 기질 탓을 하는데, 아이가 과격한 행동을 하는 데에는 부모의 양육 방식에도 원인이 있습니다.

방치해서도 안 되고, 억압해서도 안 됩니다

행동이 과격하고 드센 아이는 특히 그 기질을 부모가 잘 조절해 주어야 합니다. 마구 소리를 지르고, 아무 곳에나 올라가고, 물건을 함부로 던지는 아이를 지켜보세요. 그런 행동 후에 자기가 되레 불안해한다는 것을 알 수 있을 것입니다. 아이 입장에서는 자극에 압도당해서 날뛰고 소리를 지르는 것입니다. 이렇게 충동 조절이 안 되다 보니 아이 스스로 불안을 느끼는 것이지요.

아이의 과격한 행동은 선천적 기질에 외부의 강한 자극이 더해져 나오는 것입니다. 가만히 보면 부모가 아이의 그런 기질을 더 부추기곤 합니다. 예컨대 타고난 거니 어쩔 수 없다고 방치하거나 강하게 억압하면서 말이지요. 그러면 아이는 스스로 충동을 조절할 기회를 가질 수 없게 됩니다.

✱ 자극으로부터 아이를 보호해 주세요

먼저 부모가 나서서 아이가 자극에 과격하게 반응하지 않도록 도와주세요. 방법은 간단합니다. 아이의 행동을 부추길 만한 외부 자극을 최소화하는 것입니다. 아이의 호기심을 자극할 만한 물건이나 새로운 장난감을 아이 눈에 띄지 않는 곳에 두세요. 큰 식당이나 대형 마트처럼 사람이 많은 곳에 데려가는 것도 되도록 삼가야 합니다. 만약 어쩔 수 없이 아이를 사람이 많은 곳에 데려가야 할 때는 "안 돼"라고 하면 아이가 말을 듣는 사람, 즉 아빠나 엄한 어른과 함께 가는 것도 방법입니다.

　부모는 가슴으로만 아이를 키울 것이 아니라 끊임없이 머리를 써야 합니다. 머리를 안 쓰면 몸이 바빠지지요. 평소에 아이가 어떤 상황에서 더 흥분하고 과격하게 행동하는지 잘 관찰하고, 머리를 써서 대응책을 마련하는 현명한 부모가 되어야 합니다. 이러한 노력 없이 아이가 극성스럽다고 혼내고 윽박지르면 아이와 사이만 나빠질 뿐입니다.

기저귀를
잘 갈아 주지 않으면
성격이 나빠지나요?

유난히 깔끔하고 예민한 성격의 한 엄마는 아이가 소변을 볼 때마다 기다렸다는 듯이 기저귀를 갈아 줍니다. 반면 좀 무디고 털털한 성격의 한 아빠는 기저귀가 축축해질 때까지 몇 번이고 소변을 보도록 기저귀를 채워 둡니다.

두 사람은 제각각 자신의 방법이 아이에게 더 이로울 것이라고 주장합니다. 깔끔한 성격의 엄마는 기저귀를 자주 갈아 주지 않으면 아이가 불쾌감을 가져 성격이 나빠질 것이라고 하고, 무딘 성격의 아빠는 기저귀를 너무 자주 갈아 주면 아이가 까다로워지거나 결벽증이 생길 것이라고 주장합니다.

과연 누구의 말이 맞는 걸까요?

✱ 기저귀는 용변을 본 즉시 갈아 주세요

원칙적으로 아이가 대변이나 소변을 본 경우에는 기저귀를 즉시 갈아 주는 것이 좋습니다. 하지만 용변을 보지 않았는데도 일정한 간격으로 기저귀를 갈아 주는 것은 좋지 않습니다. 기저귀를 가는 일은 엄마 아빠에게도 힘이 들지만 아이에게도 번거로운 일입니다. 이런 일을 수시로 한다면 아이가 스트레스를 받을 수 있습니다.

어떤 사람들은 간혹 일회용 기저귀는 흡수력이 좋아 괜찮다며 소변을 여러 번 볼 때까지 그냥 두기도 합니다. 이 역시 좋은 태도가 아닙니다. 축축하면 아이는 불쾌감을 갖게 되는데, 그 불쾌감이 오래 지속되는 것이 아이에게 결코 좋을 리 없습니다.

✱ 엄마의 감정은 그대로 아이에게 전달됩니다

엄마가 피곤하다고 대충대충 성의 없이 기저귀를 갈거나 기저귀를 갈더라도 엉덩이 주변을 깨끗이 닦아 주지 않으면, 아이가 생리적 조절이 안 된다는 느낌을 받게 되고, 아이의 정서 발달에 좋지 않습니다. 말을 할 줄 모르는 아이라도 엄마의 감정 상태는 그대로 느낄 수 있으며, 엄마가 자신을 어떻게 대하는지도 다 느끼게 마련입니다. 그러므로 아무리 힘들더라도 아이를 대할 때는 좀 더 정성

어린 마음가짐을 유지해야 합니다. 그게 힘들다면 과감히 가족에게 도움을 청하는 것이 바람직합니다. 아이의 성격 형성에 영향을 미치는 것은 기저귀를 가는 횟수가 아니라 기저귀를 갈아 주는 엄마의 마음입니다.

병을 앓으면서

성격이 예민해졌어요

병약하거나 만성적인 질환을 가진 아이를 돌보기 위해서는 우선 부모가 지치지 않아야 합니다. 아픈 아이가 짜증이 많고 예민한 것은 당연합니다. 또 그 예민한 아이를 돌보기가 힘든 것도 당연한 일이지요. 하지만 힘들다고 지쳐 있거나 엄마가 먼저 힘든 기색을 하면 안 됩니다. 엄마가 강해야 아이에게 맞는 치료법도 찾을 수 있고, 짜증이 많은 아이도 밝게 키울 수 있습니다.

✱ 몸이 아프면 정서적 문제도 함께 옵니다

미국의 경우 전체 아동 중에 만성적인 질환을 앓고 있는 아동이

10퍼센트입니다. 제 생각엔 우리나라도 겉으로 드러나지 않았을 뿐 충분히 그 정도 수치가 되리라고 봅니다.

아이가 몸이 아프면 성격이 예민해지는 것은 물론 정서적 장애도 동반되는 예가 많습니다. 아이의 성격이 형성되는 데에는 기질도 물론 중요하지만 성장 환경과 부모의 양육 태도 등 후천적인 영향도 큽니다. 아픈 아이의 경우 부모의 과잉보호와 몸의 고통, 또래와 다른 성장 환경 등의 영향으로 인해 순하던 기질이 예민하고 까다롭게 변하는 것이지요. 심할 경우 불안 장애 등 심각한 정신적 문제가 나타나기도 합니다.

아이가 태어난 직후에 큰 수술을 받은 경우, 천식이나 아토피 등 만성적인 알레르기 질환을 아주 어릴 때부터 앓아 온 경우, 몸이 병약하여 정상적인 성장 발달이 어려운 경우에 정서적 문제가 생겨서 소아 정신과를 찾아오는 예가 종종 있습니다. 그러니 아이가 아플 때 부모는 신체적 문제뿐만 아니라 정서적 발달에도 신경을 써야 합니다.

형제가 있을 때는 아픈 아이로 인해 다른 아이마저 정서적 문제를 일으키기도 합니다. 부모가 아픈 아이에게 관심과 애정을 기울이다 보면 상대적으로 다른 아이를 보살필 여력이 없게 되지요. 그러면 나머지 아이가 아픈 아이로 인해 엄마의 관심을 받지 못하는 등 피해를 보게 마련입니다. 그것이 오래 지속되다 보면 성격적인 결함이나 다른 정서적 장애로 이어지지요.

✱ 아픈 아이를 밝게 키우려면

아픈 아이를 키우는 엄마들을 보면 지치고 힘든 기색이 역력합니다. 왜 안 그렇겠습니까. 아픈 아이 돌보랴, 다른 아이 키우랴, 살림하랴 힘든 게 당연하지요. 그러다 보면 엄마의 정신 건강 상태가 나빠져 아이에게도 악영향을 끼칠 수 있습니다. 만성적인 질환을 앓는 아이나 병약한 아이가 정서적 문제를 일으키는 예를 보면, 하나같이 엄마가 양육을 전적으로 책임지고 있습니다. 부모가 함께 아이를 돌보는 경우에는 최소한 정서적 문제로 병원을 찾지는 않습니다. 부모가 힘을 합해 돌보면 몸이 아파 예민할 수밖에 없는 아이도 충분히 밝고 건강하게 키울 수 있지요.

이는 곧 엄마가 적극적으로 주변에 협조를 구해야 한다는 뜻이기도 합니다. 다른 아이를 위해서도 아빠를 비롯한 주변 사람의 도움이 꼭 필요합니다. 아픈 아이를 데리고 병원을 가야 할 때 다른 아이가 방치되지 않도록 맡길 곳을 찾고, 엄마의 마음이 괴로울 때 위안을 얻을 수 있는 모임을 마련하는 것이 좋습니다.

✱ 엄마 자신의 안정이 최우선입니다

가장 중요한 것은 아픈 아이를 돌보는 엄마 자신의 건강입니다.

여기에는 물론 정신적인 건강도 포함됩니다. 그렇지 않으면 아픈 아이는 물론 가족 모두가 불행해집니다. 우울해질 상황이 되면 가까운 사람에게 아이를 잠시 맡기고 산책이라도 하는 게 좋습니다. 또한 온 가족이 엄마의 스트레스를 줄여 주기 위해 함께 노력해야 합니다.

돌 전 아이도
스트레스를 받는답니다

초등학생인 큰아이가 유치생인 동생에게 "그때가 좋을 때다"라고 해서 한참을 웃었다는 한 엄마의 얘길 들은 적이 있습니다. 어른인 엄마의 눈에야 초등학생이나 유치원생이나 힘든 일이 뭐가 있을까 싶겠지만, 아이들은 제 나름대로 고충이 많은 법이지요. 마냥 행복하기만 할 것 같은 이 시기의 아이들도 스트레스 때문에 괴롭습니다. 대체 무슨 일로 스트레스를 받을까요?

✳ 애착 형성이 중요한 돌 전의 아이들

이 시기 아이들은 스트레스를 받아도 그것이 무엇 때문인지 판단할 능력이 없기 때문에 스트레스의 영향이 더 큽니다. 특히 12개월 무렵은 정서적 분화가 빠르게 일어나는 시기이기 때문에 그 어느 때보다 엄마와 아이가 즐거운 관계를 유지해야 합니다.

더불어 신체적인 발달이 급격히 이루어지는 시기이므로 아이가 하는 몸짓이나 행동에 관심을 기울이는 것도 필요합니다. 몸을 움직이는 놀이를 한다면 신체 발달에 효과가 클뿐더러 엄마와의 교감을 쌓는 데도 좋습니다. 단, 이때 신체적 자극을 아이가 즐겁게 받아들이는지 살펴보고 조절해 줘야 합니다. 말을 하지 못하는 시기이므로 아이의 눈짓, 손짓, 발짓 등의 모든 신호와 행동을 자세히 살펴보면서 아이에게 맞추어 가는 것이 중요합니다.

✳ 돌 전 아이에게 스트레스가 되는 것들

① 서투른 육아

초보 양육자는 아이가 울 때 왜 우는지 몰라 우왕좌왕하는 경우가 많습니다. 그로 인해 욕구가 충족되지 못하고, 엄마의 불안과 미숙함이 전해져 아이가 스트레스를 받습니다.

아이가 울음으로 신호를 보내면 기저귀가 젖었는지, 배가 고픈지, 어디가 아픈지 등 원인을 찾아야 합니다. 특별한 상황이 아닌 이상 대부분 이 세 가지의 경우이니 당황하지 말고 찬찬히 살펴보세요. 아이의 욕구를 해결해 주고 난 뒤 아이의 미소나 옹알이에 응답하며 충분한 사랑을 전하세요.

② 배가 고플 때 & 억지로 먹일 때

배고픔을 느끼는 것은 아이 입장에서는 생존을 위협당하는 것과 같은 매우 큰 스트레스입니다. 젖을 충분히 먹지 못하면 아이는 스트레스와 욕구 불만을 느끼게 됩니다. 반대로 싫어하는 이유식을 억지로 먹이려 하거나 배가 부른 아이한테 더 먹으라고 강요하는 것도 스트레스의 원인이 됩니다.

아이가 적당한 양을 제때 먹을 수 있도록 해 주세요. 아이마다 먹는 양이 제각각이므로 먼저 아이의 양을 파악하고 조절해야 합니다.

③ 잠을 못 잘 때

하루 중 절반 이상을 자면서 보내는 돌 전의 아이들에게 수면이 중요한 이유는 자는 동안 아이들의 두뇌와 신체 근육이 회복되고 기억력이 증진되기 때문입니다. 또한 수면은 성장을 촉진시키고 불쾌한 감정을 정화하는 역할도 합니다. 그러니 아이가 원하는 시간에 원하는 만큼 충분히 잘 수 있도록 신경 써야 합니다. 이때 부모의 생활 리듬에 맞춰 아이의 수면 습관을 조절하려고 하는 것은 스트레스로 작용할 수 있습니다. 가능하면 아이의 수면 리듬에 맞춰 주세요. 밤에 아이가 잠을 자지 않는다면 억지로 재우려 하지 말고 부모가 순번을 정해서 아이를 돌보도록 하세요. 어른들처럼 밤에 몰아서 자는 것은 12개월이 지나서야 가능하다는 사실도 기억해 둘 필요가 있습니다.

④ 애착 대상과 잦은 분리가 일어날 때

아이는 생후 6개월 이후부터 주 양육자와 애착 형성이 시작되어, 이후 양육자와 떨어져 있는 것을 싫어하게 됩니다. 오랫동안 떨어져 있게 되면 아이는 엄마가 자기를 버린 것이라고 생각할 정도이지요. 엄마와의 이러한 분리감은 아이에게 강력한 스트레스가 됩니다.

그러므로 아이가 말을 알아듣지 못하더라도 엄마가 왜, 어디에 가는지를 차근차근 설명해 주고, 헤어지기 전에 아이가 안정감을 가질 수 있도록 충분히 안아 주어야 합니다. 한편 주 양육자가 엄마가 아닐 경우에도 가급적이면 주 양육자나 장소가 너무 자주 바뀌지 않도록 유의해야 합니다. 보육 교사에게 맡길 경우에는 일정 시간 규칙적으로 아이를 맡기는 것이 중요합니다. 특히 18개월까지는 아이의 입장에서 볼 때 강제 분리를 당하지 않도록 해야 합니다.

Chapter 6

양육 태도 & 환경

애만 보면

우울해요

출산 후 몇 개월간 많은 엄마가 우울증을 경험합니다. 여자에게 임신과 출산, 육아의 과정은 매우 큰 의미와 보람이 있지만, 그만큼 정신적으로나 육체적으로 힘든 일입니다. 가족들이 도와주지 않으면 누구나 극심한 우울증의 주인공이 될 수 있습니다. 우울한 엄마 밑에서는 아이가 밝고 건강하게 자랄 수 없지요.

✳ 누구나 겪는 산후 우울증

많은 산모가 아이가 태어나고 3~5일 사이에 약간의 우울증과 긴장을 느끼며 이유 없이 울고 싶어지는 증상을 경험합니다. 이를

'베이비 블루(Baby Blue)'라고 하는데, 이 같이 우울한 기분은 아이를 낳고 나서 다양한 호르몬 수치가 급격하게 변화하기 때문에 나타납니다. 사람에 따라 잠깐 보이다 사라지기도 하고, 한 달 이상 지속되기도 합니다. 산모의 50~70퍼센트가 베이비 블루를 경험하고, 그중 10~15퍼센트는 몇 주 동안 무기력과 우울을 겪으며 감정을 조절하지 못하는데, 이것이 본격적인 '산후 우울증'입니다.

산후 우울증이 생기면 몸이 천근만근 무겁고 모든 일이 귀찮고 짜증스럽게만 느껴집니다. 식욕도 없고 잠도 잘 오지 않지요. 사람에 따라서는 소화 불량이나 답답증, 손발 저림 같은 신체적 이상이 나타나기도 하고, 심한 경우 아이를 쳐다보기도 싫어집니다. 열 달 동안 준비를 해 왔지만 아이를 보는 순간 엄마로서의 자신감이 없어지고, 아이와 남편이 미워지기도 하며, 심한 경우 죽고 싶은 충동까지도 느끼게 됩니다. 특히 임신 시기에 우울과 불안 증세가 심했던 산모의 경우 산후 우울증을 겪을 확률이 매우 높습니다.

✱ 죄책감에서 벗어나야 합니다

출산 전에 예상했던 일이 뜻대로 되지 않을 때 산후 우울증을 겪기 쉽습니다. 그러나 생각해 보세요. 뜻대로만 되는 게 인생이던가요? 오히려 뜻대로는 절대 되지 않는 게 인생이지요. 출산이나 육아 역시 마찬가지입니다. 자연 분만을 해야겠다고 결심하고 준비한다고 100퍼센트 자연 분만을 하게 되나요? 자연 분만을 원해도 위험하면 제왕 절개 수술을 해야 합니다. 반드시 모유 수유를 해야겠다고 결심한다고 모두 모유 수유에 성공하나요? 초기 대응을 못해서, 혹은 체력이 받쳐 주지 않아서 모유 수유에 실패하는 경우도 많습니다. 누구든 건강하고 순한 아이를 낳고 싶지만, 아이가 저체중일 수도 있고, 뜻밖에 장애를 갖고 태어날 수도 있으며, 기질적으로 예민한 아이일 수도 있습니다.

육아에도 고난과 역경은 있게 마련입니다. 그럼에도 육아에 완벽을 기하고 싶은 엄마들은 자신을 다그치고 무능한 자신 때문에 절망하여 우울증으로 빠져들게 됩니다.

우선 걱정을 줄여야 합니다. 아이를 잘 키우지 못하면 어쩌나 하는 걱정부터 떨치세요. 완벽한 육아란 있을 수 없습니다. 완벽한 어머니상을 만들어 놓고 겁을 내고 절망할 필요도 없지요.

또한 남편과의 관계를 더욱 확고히 할 필요가 있습니다. 많은 엄마가 남편과 갈등 상황에 놓여 있을 때, 억울함, 분노, 짜증 등의 감정을 느끼게 됩니다. 부부 사이가 원만하지 않은데 힘든 육아가 즐겁고 보람되게 느껴질 리 있겠습니까? 또 남편이 육아에 참여하지 않거나 육아를 하는 엄마를 지지해 주지 않으면, 스트레스를 더욱 많이 느끼지요.

새로 태어난 아이만큼이나 엄마 역시 도움이 필요합니다. 그리고 우울증에 빠진 엄마를 도울 수 있는 유일한 해법은 남편과 가족들의 도움입니다.

✳ 엄마로서의 삶을 즐겁게 받아들이세요

아이를 낳고 엄마들이 느끼는 막막한 기분의 기저에는 여성으로서의 자신은 사라졌다는 절망감이 있습니다. 아이를 낳으면 일을 그만두어야 하는 경우도 생기고, 그렇지 않더라도 하루 종일 아이에게 집중해야만 합니다. 이 과정에서 엄마들은 '나는 누구인가? 나의 인생은? 나의 꿈은?'이라는 질문을 던지며 허무함을 느끼게 되지요. 사춘기 때처럼 정체성을 가지고 고민을 하게 된다는 말입니다.

이때 육아에 대한 보람과 의미를 찾지 못하면 자신의 삶이 아이를 위해 존재하는 것처럼 느껴집니다. 이런 허무감에 빠지면 아이를 키우는 데도 어려움을 겪게 되지요. 육아 자체가 몹시 힘들고 자신에게 고통을 주는 일이 되어 버리는 것입니다. 아이가 세상에 적응하는 과정이 필요하듯 엄마도 엄마로서의 삶에 적응하는 시간이 필요합니다. 지금 당장은 힘들겠지만, 아이를 키우면서 자신의 인생이 풍요로워지고 성장한다는 것을 믿으세요. 그래야만 아이도 엄마도 행복해질 수 있습니다.

✱ 엄마가 우울하면 아이가 더 힘이 듭니다

산후 우울증에 걸렸다면 모든 일을 자기 손으로 완벽하게 처리하려 해서는 안 됩니다. 무엇보다 먼저 해야 할 일은 자신이 힘들다는 것을 가족에게 알리고 도움을 받는 것입니다. 힘든데도 이를 알리지 않고 혼자 해결하려 하면 상황이 더 악화될 뿐입니다.

가족들은 감정의 기복이 심하고 눈물 바람인 산모가 걱정스럽고 짜증이 나기도 하겠지만, 산후 회복기의 정상적인 과정이라 생각하고 산모를 도와주어야 합니다. 산후 우울증을 겪는 엄마 중 10퍼센트가 정신 장애를 겪는데, 가족의 이해와 도움의 부족이 그 원인이 되기도 합니다.

산후 우울증의 가장 큰 피해자는 다름 아닌 아이입니다. 출생 후 1년은 아이에게 가장 중요한 순간이라 해도 과언이 아닙니다. 이 시기에 엄마가 우울증을 앓고 있으면 아이의 다양한 반응을 파악하기가 쉽지 않고, 이에 따라 아이 발달에 있어 가장 중요한 '애착'을 형성하는 데 실패하게 됩니다. 이러한 상황이 지속되면 흔히 애정 결핍증이라고 불리는 '불안정 애착 관계'에 이르게 되지요. 불안정 애착 관계에 놓인 아이는 정서적으로 미성숙한 것은 물론 사회성 발달이 제대로 이루어지지 않습니다.

산후 우울증이 심할 때는 신경 정신과 전문의의 도움을 꼭 받아야 합니다. 시간이 지나면 나아지겠거니 하고 그냥 방치하면 엄마가 아이를 제대로 돌보지 못하는 것은 물론 엄마와 아이 모두에게 해가 될 수 있습니다.

어쩔 수 없이
아이를 다른 곳에
맡겨야 해요

출산 후 1년 무렵에 직장으로 복귀해야 하는 엄마가 많습니다. 젖도 안 뗀 상태에서 아이를 보육 시설에 맡기기도 하지요. 생후 6개월 전 아이를 보육 시설에 맡겨야 하는 경우도 있습니다.

그러나 이때 주 양육자를 바꾸는 일은 매우 조심해야 합니다. 엄마와의 애착이 이제 막 시작되는 시기이기 때문이지요. 갑자기 환경이 바뀌면 아이는 큰 스트레스를 받습니다.

✱ 아이를 보육 시설에 보낼 때는

보육 시설의 선택에서부터 신경 써야 하는데, 정식 인가를 받은 시설인지, 보육 교사 한 사람당 돌보는 아이가 몇 명이나 되는지, 아이가 아플 때 바로바로 달려갈 수 있을 만큼 집 또는 직장과 가까운 거리에 있는지 등 여러 사항을 따져 봐야 합니다.

보육 시설을 정했다면 본격적으로 보내기 전 몇 주간 엄마가 함께 가서 몇 시간 정도 지내며 아이가 잘 적응하도록 도와줘야 합니다. 그렇지 않으면 아이가 스트레스를 받기 쉽습니다.

이 시기 형성된 엄마와의 애착은 일생에 걸쳐 영향을 미칩니다. 엄마와 애착 관계가 잘 형성된 아이는 인생의 출발이 무척 순조롭습니다. 그러나 이 시기에 주 양육자가 바뀌어 애착 발달이 잘 이루어지지 않은 아이는 부정적 정서가 많게 됩니다.

돌 전 아이 맡기기 ^{Tip}

생후 6개월 미만
이때에는 엄마가 자신을 대신할 양육자와 돈독한 정을 쌓는 것이 중요합니다. 대리 양육자가 엄마를 대신한다기보다는 아이가 애착을 가질 중요한 사람을 만들어 준다고 생각하는 게 좋습니다. 아이가 대리 양육자와 애착을 쌓는 것에 성공하면 큰 문제는 없을 것입니다.

생후 6~12개월
생후 6개월이 지나면 아이가 엄마나 아빠 등 자주 보는 가족과 애착을 갖게 됩니다. 그렇기에 이때에는 가능한 한 주 양육자를 바꾸지 않는 게 좋습니다. 예컨대 친정이나 시댁에 아이를 맡겨 놓고 주말에만 데려온다든지, 몇 주일 만에 데려오는 것은 피해야 합니다. 18개월 이하의 아이는 최소 하루 한 시간 이상 엄마와 깊은 친밀감을 쌓아야만 정서 발달에 이상이 없습니다. 그러니 어쩔 수 없이 아이를 대리 양육자에게 맡겨야 한다면 매일 일정 시간 아이와 함께 보내도록 노력해야 합니다.

세상을 부정적으로나 불안한 것으로 인식해 자주 울고 보채는 까다로운 아이가 될 뿐만 아니라, 어른이 되어서도 소심하거나 공격적 성향을 가질 가능성이 많습니다. 그러니 아이가 보육 시설에 잘 적응하지 못한다면 어린이집에 보내는 시기를 늦추는 것도 고려해 볼 일입니다.

Chapter 7

성장 & 발달

우리 아이,
잘 크고 있는 걸까요?

발달 장애라는 진단을 받은 아이 엄마가 항의하듯 제게 물은 적
이 있습니다. 발달이 대체 뭐냐고 말입니다. 자신이 보기에 아이가
조금 늦되기는 해도 신장, 체중 다 정상인데 대체 뭐가 발달 장애냐
고 말입니다. 장애라는 진단에 충격을 받은 탓에 그렇게 묻는 엄마
를 보며 부모들에게 발달에 대해 알려야겠다는 생각을 했습니다.

❋ 아이가 자란다는 것은

아이가 바르게 성장한다는 것은 태어난 후부터 자기가 속한 환
경에 제대로 적응하고 있다는 것을 의미합니다. 이때 성장이라는

말은 신체적인 크기의 증가와 정신적인 성숙도를 함께 뜻하지요. 간혹 성장과 발달의 차이를 묻는 분들이 있는데, 실제로 넓은 의미에서는 다 같은 의미로 쓰이고 있기도 합니다. 그러나 엄밀히 말해 성장은 신체적인 크기의 증가를 의미하며, 발달이란 주로 기능적인 면이 성숙되는 것을 말합니다.

우리가 주목해야 할 사실은 성장이 정상이라고 해서 발달도 항상 정상인 것은 아니고, 성장에 문제가 있다고 해서 반드시 발달에 문제가 있는 것도 아니라는 점입니다.

✱ 돌 전 아이의 바른 성장 & 발달

학령기가 인지 발달이 빠른 속도로 이루어지는 때라면, 청소년기는 정서 발달이 활발한 때입니다. 이에 반해 영·유아기는 뇌의 신경망이 아주 빠른 속도로 형성되는 때이지요. 우리 삶에 필요한 기능을 할 수 있는 기본 뇌 신경망이 형성되는 때가 바로 이 시기인 것입니다.

따라서 영·유아기의 발달 장애라 함은, 뇌의 신경망 형성에 문제가 생긴 경우를 말합니다. 뇌의 신경망이 발달해 가는 이 시기의 뇌 손상은 여러 영역에 장애를 가져올 수 있습니다. 이때 발달 장애가 생기면 그 후유증이 평생 가기도 하고요. 하지만 아직 뇌 신경망이 완성되지 않았다는 것은 적절한 자극을 주어 치료하면 어느 정도 기능을 회복할 수 있다는 의미이기도 합니다. 그렇기 때문에 영·유아기의 발달 장애는 빨리 발견해서 치료를 시작하는 것이 중요합니다.

그런 면에서 보자면 무턱대고 늦되는 아이가 잘 된다며 세 돌까지는 기다려 보라는 말을 하는 것은 무책임하다고 볼 수 있습니다. 아이의 발달 영역은 언어, 인지, 운동, 사회성, 정서 등 다섯 가지 영역으로 크게 나뉘는데 이중 언어, 정서, 사회성 영역을 관장하는 뇌 신경망의 발달은 세 돌 이전에 대부분 많이 이루어집니다. 그러므로 이러한 영역의 발달 지연이나 문제가 의심되면 돌밖에 안 된 아이라 할지라도 빨리 소아 정신과 전문의에게 데리고 가서 진단을 받고 필요한 치료 등을 하는 것이 현명한 육아입니다.

발달이 느린 걸까요, 제가 조급한 걸까요?

"우리 아이 발달이 느린 거 아닌가요?"

아이의 발달에 대해 이렇게 막연하게 질문을 하는 엄마들도 있습니다. 그러나 이 문제는 쉽게 단정할 사안이 아니지요. 사실 발달이 빠르다 혹은 느리다는 말은 아이의 발달을 설명하는 데에는 너무나 막연한 말입니다.

✳ 발달의 중요 변수를 파악해야

발달을 제대로 이해하려면 최소한 언어, 인지, 운동, 사회성, 정서 발달로 나누어서 생각해야 합니다. 이때 유의해야 할 점은 나이에 따라 발달을 설명할 수 있는 중요한 변수와 별로 중요하지 않은 변수가 있다는 사실입니다.

예를 들어 정신 발달을 설명하는 데 말을 많이 하는 것은 그리 중요한 변수가 아니지만, 말에 대한 이해력은 매우 중요한 변수입니다. 운동 발달의 경우 아이의 목 가누기와 혼자 걷기는 매우 중요한 변수이지만, 뒤집기와 기기는 전자에 비해 그리 결정적인 변수가 아닙니다.

❋ 발달을 도우려면 적절한 자극을!

아이는 뇌에 기초적인 신경망을 가지고 태어납니다. 영재는 일정 영역의 기초 신경망을 강하게 타고난 것이고, 운동 발달에 문제를 보이는 뇌성마비아는 운동 영역의 기초 신경망이 미숙하다고 이해하면 됩니다. 기초 신경망이 아이의 미래를 결정짓는 데 어느 정도 영향을 미치는지는 학자들마다 견해가 다릅니다. 다만 확실한 것은 신경은 사용하면 강해지고, 사용하지 않으면 퇴화된다는 사실입니다. 따라서 손도 자주 쓰면 잘 쓸 수 있게 되고, 머리도 쓰면 쓸수록 좋아진다는 말은 사실입니다. 특히 세 돌까지는 신경망의 구조와 기능이 많이 변할 수 있습니다.

✻ 운동 발달과 정서 발달은 같이 갑니다

운동 발달이 느리면 정서 발달도 느려집니다. 마찬가지로 정서 발달이 느리면 운동 발달도 느려지지요. 이렇듯 운동 발달과 정서 발달은 따로 생각할 수 없습니다. 그리고 신경망 형성이 활발한 만 3세 이전의 아이는 어느 한 영역의 발달 문제가 다른 영역의 발달 문제로까지 확산될 수 있습니다.

실제로 불안이 많은 아이는 걷기가 느립니다. 새로운 자극을 두려워해서 운동을 싫어하고, 넘어질까 봐 불안해서 걸을 시도를 하지 않아 기능이 퇴화하는 것입니다. 그러니 아이의 운동 발달과 정서 발달을 돕기 위해서는 긍정적인 태도로 육아에 임하고 불안과 공포를 느끼지 않도록 도와주어야 합니다.

발달이 현저히 느리다면 그 원인이 뇌 발달 문제일 수도 있습니다. 태어날 때부터 뇌 신경망에 이상이 있을 수도 있지요. 증상에 따라 발달이 저하된 원인을 잘 찾아 대처해야 합니다.

Part 2

2세
(13~24개월)

엄마와 다른 '나'라는 존재가 있다는 것을 알게 됩니다

이 시기의 아이들은 드디어 너와 나를 구분하게 됩니다. 그 전까지는 엄마가 나이고 내가 엄마인 시기로 엄마의 의견과 기분에 많은 것이 좌우되었다면, 이제는 엄마의 말에 "아니야"라면서 엄마와 다른 내가 있다는 것을 표현하게 됩니다. 몸이 엄마로부터 분리되어 자유로워진 만큼 마음도 조금씩 분리되기 시작하는 것이지요.

이 시기 아이들의 가장 중요한 발달 과제는 자아 발달입니다. 자기에 대한 인식을 바탕으로 아이는 주변 사물을 탐색하고 그것이 내 의지대로 움직일 수 있는 것인지 아닌지를 늘 실험합니다. 그러므로 아이들이 무언가를 시도하려고 할 때 위험한 일이 아니라면 막지 않는 것이 좋습니다.

자아가 형성되는 시기, 반항이 시작됩니다

자아는 '자기 자신에 대한 의식이나 관념'을 의미하는 심리학적 용어입니다. 아이의 자아가 형성된다는 의미는 아이가 남과 다른 내가 있다는 사실, 세상과 분리된 내가 있다는 사실을 알게 되는 것을 뜻하지요. 아이들이 '싫어', '아니야'를 이야기하는 그때가 바로 자아 형성 시기입니다. 부모의 말에 반대 의견을 이야기한다는 것 자체가 부모와 다른 내가 존재함을 아이가 인식하고 있음을 의미하는 것이지요. 따라서 아이가 반대 의견을 내는 순간 더 이상 과거의 아이가 아님을 알아야 합니다.

아이들이 자아 형성 과정에 있을 때는 고집이 세지고 부모 말에 반항하는 등 강한 모습을 보이는 것이 특징입니다. 만약 아이가 냉장고에 붙어 있는 자석을 보려고 손을 뻗을 때 부모가 안 된다고 하면, 이 시기의 아이들은 부모가 보여 줄 때까지 고집을 부립니다. '아니, 내가 보겠다는데 왜 엄마가 막느냐'라는 식으로 말이지요. 결국 보여 주어야 아이가 잠잠해집니다.

아이들의 발달 단계를 보면, 어떤 것이든 처음 발달할 때는 이처럼 강한 반응을 보입니다. 이는 수영을 배울 때를 생각해 보면 이해하기가 쉽습니다. 수영을 처음 배울 때는 아무리 힘을 빼려고 해도 힘이 빠지지 않고 오히려 동작이 더 딱딱해집니다. 그러다 익숙해지면 유연하게 수영을 하게 되지요. 마찬가지로 아이가 처음 자의식을 나타낼 때는 아이가 변한 게 아닌가 싶을 정도로 고집 센 행동을 합니다. 그러다가 주변의 반응과 고집을 부리고 난 후 자신의 느낌을 종합하여, 조금씩 부드럽게 자신을 표현하는 방법을 알아 갑니다. 그러므로 이 시기의 아이가 강하게 자기표현을 할 때 혹시 예의 없는 아이가 되지는 않을까 걱정하지 않아도 됩니다.

█ 해도 되는 일과 하면 안 되는 일을 명확히

█ 자아 발달을 과제로 삼은 아이들은 자유로워진 몸을 바탕으로 이곳저곳 탐색에 나섭니다. 무엇이든 해 봐야 알기 때문에 부모가 아무리 말려도 무조건 만져 보고, 먹어 보고, 뛰어내리는 등 온갖 행동을 다 합니다. 말 그대로 사고뭉치가 되는 것이지요. 이때 부모는 아이의 의견과 생각을 최대한 인정해 주고, 무엇을 하겠다는 의지를 보일 때 하게 해 주는 것이 좋습니다.

만약 이런 의지를 고집이라 생각하고 꺾으려 들면 의존적이거나, 반대로 반항적인 아이가 되기 쉽습니다. 자신만의 의견이나 생각이 받아들여졌을 때 아이는 '나도 할 수 있구나', '나는 괜찮은 아이구나' 하는 생각을 하게 됩니다. 이것은 아이가 앞으로 인생을 살아갈 때 큰 힘이 됩니다.

하지만 아이가 하는 대로 그냥 둬서는 안 되는 때도 있습니다. 바로 안전에 관련한 경우이지요. 다른 아이를 때린다거나, 물건을 집어 던진다거나, 뜨거운 물에 손을 넣는 등 절대로 해서는 안 되는 일에 대해서는 따끔하게 혼을 내야 합니다. 이때부터 슬슬 떼가 시작되는데, 막무가내로 떼를 쓴다고 하여 아이의 요구를 들어주면 점점 아이에게 휘둘리게 됩니다. 한번 안 된다고 한 일은 어떤 상황에서도 안 되는 것이라는 원칙을 세우고 지키는 게 중요합니다. 아이에게 최대한 자율성을 주되, 안 되는 일에 대해서는 단호하게 저지하도록 하세요.

좌절감에 부정적 감정을 보일 때는 무조건 달래야

세상 탐색을 나선 아이들은 항상 새로운 시도를 합니다. 하지만 이런 시도들이 매번 아이 뜻에 맞는 결과를 낳는 것은 아닙니다. 자기 뜻대로 되지 않아 좌절감을 맛보는 경우도 많지요.

예를 들어 아이는 장난감 퍼즐을 맞추려고 몇 번 시도해 보다가 뜻대로 되지 않으면 울음을 터트립니다. 그리고 도움을 요청하는 눈길로 엄마를 보며 넘어갈 듯 울어 댑니다. 이때 엄마는 즉시 아이를 달래 아이가 부정적인 감정에서 빨리 빠져나오도록 도와주어야 합니다. 아직은 자기 힘으로 부정적인 감정을 극복할 수 없기 때문입니다.

이때 달래 주지 않으면 아이는 땅에 머리를 받으며 자해를 하거나 물건을 던지거나, 다른 사람을 때리는 등 문제 행동을 보일 수 있습니다. 자신이 느끼는 분노를 어떻게든 표현하기 위해서지요. 어떤 부모들은 아이가 제멋대로 하다가 안 되니까 그런다면서 도와주면 버릇이 된다고 내버려 두기도 하는데, 이는 절대 옳은 방법이 아닙니다.

아이가 좌절감에 휩싸여 부정적 감정을 표현한다면, 거기에서 빨리 벗어날 수 있도록 도와주세요. 아직은 이성적인 판단을 할 수 없는 나이이므로 대화로 해결할 수 없는 일입니다. 그러니 아이가 좋아하는 간식을 준다거나 다른 장난감으로 관심을 돌리게 해서 기분이 좋아지도록 해야 하지요. 그렇게 해서 아이의 기분이 좋아지면 다시 퍼즐을 맞추도록 해 보세요. 실패를 거듭할 수도 있지만 실패를 거울삼아 마침내 잘 맞추게 될 것입니다. 그러면 '해도 안 된다'는 실망감이 '나도 잘할 수 있다'는 자신감으로 바뀌지요.

또한 이런 과정을 통해 아이들은 감정을 조절하는 법을 배웁니다. 기분이 안 좋을 때 자신이 좋아하는 인형을 껴안거나 아기 때부터 덮어 온 이불에 얼굴을 비비는 등 스스로 극복하는 방법을 찾게 되는 것이지요.

만일 아이가 좌절감에 짜증을 낼 때마다 부모가 같이 소리 지르고 화를 내면 아이는 계속해서 짜증으로 부정적 감정을 해결하려 합니다. 이 시기 육아의 핵심은 아이가 아무리 터무니없는 행동을 하더라도 엄마가 인내심을 갖고 도와주는 것입니다.

세상에 대한 두려움으로 겁이 많은 아이들

엄마를 떠나 세상으로 한 발짝 나선 아이들은 참 겁이 많습니다. 엄마와 떨어지기는 해야겠는데 세상이 어떤 곳인지 잘 몰라 두려운 것이지요. 겁이 많기 때문에 어떤 행동을 하려고 할 때 어른들이 옆에서 '에비'라는 말만 해도 아이는 깜짝 놀라 행동을 멈추곤 합니다. 아이 입장에서는 대변을 보는 일도 참 무섭습니다. 몸속에서 뭔가가 빠져나와 바닥에 철퍼덕 하고 떨어지는 것이 무서워 우는 아이도 많지요.

이 시기에는 신체적인 상이 형성되기 때문에 자기 몸에 생긴 상처 역시 아이에겐 무서움의 대상입니다. 아이가 다쳤을 때 반창고를 붙여 주면, 그것을 본 아이는 모기에 물려 발갛게 올라온 부분이나 살짝 긁힌 상처에도 반창고를 붙여 달라고 합니다. 반창고를 붙이면 자기 몸이 원래대로 돌아온다고 생각하는 것이지요. 이렇게 아이의 요구를 들어주다 보면 반창고를 매일 쓰게 되지요. 저도 경모와 정모가 어릴 때 반창고를 쌓아 놓고 썼던 기억이 있습니다. 몸에 작은 상처만 생겨도 반창고를 들고 와 붙여 달라 하고, 엄마나 아빠 얼굴에 뾰루지가 나도 반창고를 붙이라며 가져오곤 했지요. 이는 자신의 몸에 생긴 변화에 대한 무서움을 해결하기 위한 행동이므로 막지 않는 것이 좋습니다.

세 돌까지는 아이들이 무서움을 많이 느끼고 겁이 많은 것을 정상적으로 보지만, 그 후에도 계속된다면 불안 장애를 의심해 볼 수 있습니다. 불안 장애를 보이는 아이들은 엄하고 무서운 부모 밑에서 자란 경우가 많습니다. 부모의 지나친 통제가 불안 장애를 불러올 수 있으므로 주의해야 합니다.

공포 유발로 아이를 통제하는 것은 금물

쉼 없이 나부대는 아이를 통제하기 위해 이 시기 부모들이 가장 많이 쓰는 방법이 공포를 유발하는 것이 아닐까 합니다. "망태 할아버지가 잡아간다"거나 "도깨비가 온다" 등 아이들이 무서워할 만한 대상을 언급하면서 아이의 행동을 통제하는 것이지요. 이 시기 아이들은 겁이 많기 때문에 공포를 유발하면 통제하기는 쉽습니다. 하지만 너무 자주 공포를 유발하면 심약한 아이를 만들 수 있으므로 주의해야 합니다.

또한 "그렇게 하면 엄마 안 해", "엄마 화나서 나가 버릴 거야"와 같이 엄마의 사랑을 조건으로 아이를 통제하는 것 역시 좋지 않습니다. 돌 전후부터 18개월까지는 특히 엄마와 떨어지지 않으려는 성향이 강합니다. 이때 아이들의 최대 고민은 '과연 엄마를 떠나서 내가 살아갈 수 있을까' 하는 것입니다.

그런데 걸핏하면 '엄마가 없어질 수도 있다'는 이야기를 다른 사람도 아닌 엄마에게서 들으면 아이는 불안해질 수밖에 없지요. 이런 이야기를 들으면 아이는 엄마가 자신을 떠나지 않는다는 믿음이 약해져 세상을 탐색하는 데에 나서지 못하고, 더 엄마한테서 떨어지지 않으려 하고, 심지어 괜찮다고 허락한 일조차 안 하게 됩니다. 잘못된 행동 하나를 고치려고 했다가 오히려 아이에게 큰 상처를 줄 수 있지요.

배변 훈련, 자기 조절력의 시작

아이가 생후 18개월이 넘어서면 서서히 배변 훈련을 시작하게 됩니다. 보통 배변 조절은 18개월 무렵에 시작되어 36개월 전후에 완성됩니다. 따라서 18개월이 넘었는데 아직 대소변을 가리지 못한다고 하여 고민할 필요는 없습니다.

그보다는 배변 훈련의 의미를 알고 여유 있는 마음으로 대처하는 것이 중요합니다.

아이에게 대소변을 가린다는 것은 자기를 조절할 수 있느냐 없느냐의 문제입니다. 자기 스스로 만들어 낸 몸속의 노폐물을 자기 의지대로 배출하는 것이니까요. 그래서 자기 뜻대로 대소변을 보면 아이들은 무척 기뻐합니다. 반대로 실수를 했을 때는 좌절감을 느끼게 되지요. 이때 배변 훈련을 지나치게 엄격하게 시키면 예민한 아이는 변비가 생기기도 하고, 심리적으로 위축되어 자신감을 잃을 수도 있습니다.

대부분의 아이들은 특별한 신체적 문제가 없는 이상 36개월이 되면 대소변을 가리게 됩니다. 단순히 기저귀를 빨리 떼게 하려고 아이를 다그치는 것은 좋지 않습니다. 옛날에 할머니들이 여름이 되면 아이를 홀랑 벗겨 놓고 키우면서 배변 훈련을 시켰던 것처럼 '때가 되면 하겠지' 하는 여유 있는 마음으로 기다리는 것이 바람직합니다.

아직은 친구가 소용없는 시기

돌이 넘으면 아이의 사회성 발달을 위해 친구와 놀게 해야 한다고 생각하는 부모가 많습니다. 하지만 아직 아닙니다. 이 시기 아이들의 사회성은 또래보다는 어른들과의 관계를 통해 형성되기 때문입니다. 한창 자기 자신에 대해 알아 가고 있는 아이에게 나 이외의 다른 아이는 관심 밖의 대상입니다. 자기 기분이 어떤지도 모르고, 자기가 어떻게 해야 친구가 좋아하고 싫어하는지 전혀 모르는 상황에서는 친구를 사귈 수 없습니다.

이 시기에는 또래 아이와 같이 놀게 해도 잠깐 쳐다만 볼 뿐 아직 적극적으로 어울려 놀기는 힘듭니다. 오히려 '내 놀이를 방해하는 아이'로 생각해 싸울 수 있으므로 무리하게 붙여 놓지 않는 게 좋습니다. 자기에 대한 탐색이 어느 정도 이루어져야 다른 친구에게 관심을 갖게 되니 말입니다. 그 시기는 대략 36개월 이후로 보고 있습니다. 그래서 36개월이 넘었을 때 어린이집이나 유치원에 보내면 또래 아이들과 잘 지낼 수 있게 됩니다.

이때 동생이 태어나는 것도 아이에게 좋지 않습니다. 부모의 관심을 충분히 받으며 자아 탐색을 해 가야 하는 시기에 부모의 관심이 동생에게 분산되면 아이는 불안을 느낍니다. 그래서 동생을 시샘하고, 퇴행 행동을 보이기도 하지요. 가능하다면 터울을 조절해 아이의 자아가 형성되기 시작하는 시기를 피해 동생을 낳는 것이 좋습니다. 만일 이미 동생이 있다면 최대한 큰아이에게 관심을 기

울여 주세요. 동생에게 엄마 사랑을 빼앗긴 좌절감은 아이에게 돌
이키기 힘든 상처를 줄 수도 있으니까요.

Chapter 1

부모의 자세

아이와 함께하는
시간이 적어
미안하고 걱정돼요

　세상이 많이 변했다고 하지만 맞벌이 엄마가 아이를 키우는 일이 힘들기는 예나 지금이나 매한가지입니다. 임신과 동시에 잘 다니던 회사에서 눈칫밥을 먹게 되고, 육아를 위해 스스로 일을 그만두기도 하지요. 그만큼 육아와 직장 생활을 병행하기란 힘이 듭니다. 일단 일을 계속하기로 결정하면 바쁘고 고단해질 각오를 해야하지요. 친정어머니나 시어머니에게 아이를 맡기거나 육아 도우미를 둘 수 있다면 그나마 다행입니다. 하지만 그마저도 여의치 않으면 육아, 살림, 직장 생활까지 모두 떠안고 아침부터 저녁까지 눈코 뜰 새가 없게 됩니다.

　그렇게 최선을 다하고 있으면서도 엄마들의 마음 한구석엔 아이에 대한 미안함이 자리하고 있습니다. 울며 매달리는 아이를 떼어 놓고 나와야 하니 가슴이 찢어지고, 아이가 아파도 달려가지 못해 회사 화장실에서 몰래 눈물짓기도 합니다.

✱ 규칙적인 놀이로 아이와 의미 있는 시간 보내기

많은 시간을 함께 보낸다고 해서 아이와 좋은 관계가 이뤄지는 것은 아닙니다. 하루 종일 함께 지내더라도 엄마가 감정 조절을 못 하거나, 아이의 요구를 제때 충족시켜 주지 못하면 아이의 정서 발달에 문제가 생길 수 있습니다. 중요한 것은 아이와 함께 보내는 시간의 양이 아니라 질이지요. 아이와 바람직한 관계를 만들기 위해서는 함께하는 시간이 짧더라도 친밀도가 높은 시간을 보내는 것이 중요합니다.

그러니 미안한 마음을 접고 일정한 시간을 정해 아이와 신나게 놀아 주세요. 항상 일과 가사 노동에 쫓기는 상황에서 놀이 시간을 딱 정해 놓지 않으면 아이와의 놀이에 집중하기 어렵습니다. 매일 규칙적으로 재미있게 놀아 주면 아이도 엄마와 떨어져 있는 동안 다시 만날 시간을 기대하며 안정된 마음으로 하루하루를 보낼 수 있습니다. 매일이 힘들면 격일로라도 놀이 시간을 갖도록 하세요.

놀이 시간에는 엄마도 정말 재미있게 놀아야 합니다. 엄마가 억지로 노는 모습을 보이거나 무성의하게 반응을 하면 아이는 귀신

같이 알아챕니다. 그런 엄마의 태도에 아이는 상처를 받게 되지요.

아이와의 놀이 시간을 직장에서 받은 스트레스를 날려 버리는 시간으로 삼아 보세요. 까르르 넘어가는 아이 웃음소리에 스트레스가 해소되고 삶의 활력도 얻게 될 것입니다.

✸ 아플 때만큼은 무슨 일이 있어도 아이 옆에

아이가 아플 때만큼 엄마의 애간장이 녹는 때가 있을까요. 아픈 아이를 옆에서 돌봐 주고 싶은 마음은 가득하지만 어쩔 수 없이 회사에 가야 할 때 엄마는 정말 고통스럽습니다. 그 사정을 모르는 바는 아니지만, 아이가 아플 때는 아이 옆에 반드시 있어 주어야 합니다. 아무리 아이와 한 달 동안 재미있게 놀면서 좋은 관계를 만들었다 하더라도, 아픈 아이를 남의 손에 맡기면 그동안의 노력이 헛수고로 돌아가기 쉽습니다.

저는 아이가 몸이 아플 때뿐 아니라 정신적으로 힘들어할 때에도 아이 옆에 있어 주었습니다. 예민한 것에서는 둘째라면 서러울 정도였던 경모가 특히 짜증을 부리는 때가 있었습니다. 그럴 때면 저는 일주일쯤 휴가를 내고 경모와 함께 있곤 했습니다. 함께 있다고 해서 특별히 잘해 주는 것은 아니었지만 경모는 엄마가 곁에 있다는 사실만으로도 안정을 찾았습니다.

출근하는 엄마를 평소보다 더 끈질기게 붙잡고 늘어지거나 떼를 더 많이 쓸 때는 아이가 정신적으로 힘들다는 증거입니다. 이때는 직장 일을 잘 조율하여 휴가를 내고 아이와 함께하는 것이 좋습니다. 아이가 엄마를 필요로 하는 절대적인 시간의 양이 있습니다. 아무리 친밀도 높은 시간을 보낸다 하더라도 그 시간이 이에 미치지 못하면 아이는 힘들어하며 엄마를 찾게 되는 것이지요.

아이와 시간을 많이 보내지 못한다는 죄책감에 너무 괴롭다면 재택근무나 휴직도 생각해 봄 직합니다. 엄마 역할에 충실한 다음 일에 복귀하는 게 양쪽 다 효율적일 수 있습니다. 직장에서의 역할과 엄마 역할 둘 다 놓치고 싶지 않다면 회사 일과 집안일을 엄격히 분리해야 합니다. 죄책감에만 빠져 있으면 회사나 아이 모두에게 미안한 사람이 될 뿐, 결국 아이에게도 상처를 주고 회사 일에도 충실할 수 없습니다.

✳ 힘듦을 알리고 당당하게 도움 받기

부부가 맞벌이를 하기로 했다면, 남편도 가사의 일정 부분을 담당해야 하고 아내도 이를 당당히 요구해야 합니다. 또 매일 청소를 해야 한다거나 아이에게 매일 좋은 음식을 해 줘야 한다는 식의 생각은 버리고, 청소는 주말에 가족이 모여 함께 하고 이유식은 미리 만들어 냉동해 놓는 등 지혜를 발휘해 보세요. 조금 덜 깨끗하고 조금 덜 정성이 들어간다 해도, 지쳐서 아이에게 사랑을 제대로 주지 못하는 것보다는 낫습니다.

만약 부부 중 한 사람이 너무 바빠 가사와 육아를 담당할 수 없다면 다른 사람의 도움을 구하는 것이 좋습니다. 시댁이나 친정의 도움을 받을 수 있다면 좋겠지만 이도 여의치 않다면 가사 도우미를 쓰는 것을 생각해 보세요. 혹은 집안일을 하는 한두 시간만이라도 아이를 돌봐 줄 사람을 구하는 것도 방법입니다. 엄마가 모든 일을 완벽하게 하려는 슈퍼우먼이 되려다 골병이 들면 가장 먼저 아이가 불행해집니다. 가능한 범위 내에서 방법을 찾아보도록 하세요.

✱ 좋은 엄마 콤플렉스 극복을 위한 7단계

아이에게 미안한 마음이 드는 것은 좋은 엄마가 되겠다는 생각이 강하기 때문일 수 있습니다. 하지만 이런 '좋은 엄마 콤플렉스'는 엄마 자신에게도, 아이에게도 좋지 않습니다. 좋은 엄마 콤플렉스에서 벗어나는 7단계를 정리해 보았습니다.

1단계 : 열등감 벗어던지기
부모 자신이 가진 열등감 때문에 더 아이에게 집착하고, 더 잘해 주지 못해 미안한 마음을 갖는 경우가 많습니다. 예쁘지 않은 나, 배가 많이 나온 나, 살림 못하는 나, 말 못하는 나 등 그동안 부정해 왔던 나의 모습을 있는 그대로 인정하는 것이 중요합니다.

2단계 : 스스로를 사랑하기

스스로를 사랑하지 않는 엄마 밑에서 자란 아이들은 자신을 사랑하는 법을 배우지 못합니다. 아이를 사랑하기에 앞서 내가 누구이고, 어떤 장단점이 있고, 호불호는 무엇이며, 하고 싶은 것은 무엇인지 끊임없이 자문해 보세요. 이에 답을 얻는 순간 자신에 대한 사랑이 샘솟을 것입니다.

3단계 : 체력 기르기

몸이 힘들면 육아가 힘들어지는 법. 체력을 기르세요. 아이가 엄마를 힘들게 해도 지치지 않는 힘, 어떠한 역경이라도 이겨 낼 수 있는 힘은 체력에서 나옵니다.

4단계 : 아이에게 권리 주기

아이의 일을 엄마가 모두 봐 주어야 한다는 생각은 버리는 게 좋습니다. 그래야 엄마가 편해집니다. 아이도 나름의 생각이 있게 마련입니다. 아이 스스로 생각하고 행동할 수 있도록 권리를 주는 습관을 들이세요.

5단계 : 선생님 노릇 하지 않기

엄마가 아이에게 하나부터 열까지 다 가르쳐 줘야 한다고 생각하지 마세요. 엄마는 훈계하고 지식을 주는 선생님이 아니라, 아이를 감싸 주는 따뜻한 사람이 되어야 합니다.

6단계 : 아빠의 자리 만들기

아빠가 육아에 관심 없다고 불평하기 전에 아빠의 자리를 만들어 주세요. 엄마가 아무리 아이를 잘 키운다고 해도 아빠만이 할 수 있는 고유한 영역이 있습니다.

7단계 : 그 무엇도 두려워하지 않기

아이의 미래, 나의 미래에 대해 두려움을 갖기보다는 기대를 가지세요. 애도 낳았고, 밤잠을 설쳐 가며 그 애를 키우고, 살림도 꾸려 가고 있는 씩씩한 아줌마가 두려울 것이 무엇이겠습니까.

아이에게
자꾸만

화를 내게 돼요

육아는 참으로 힘든 일인 데다가 휴식도 없고, 언제 끝날지 모를 막막한 일이지요. 보람도 크지만 스트레스 또한 만만치 않습니다. 마음으로 '도'라도 닦아야 할 일이 하루에도 수십 번씩 눈앞에서 펼쳐집니다. 그러다 보니 자기도 모르게 아이에게 화를 내게 됩니다.

한 엄마가 토로하기를, 화가 나서 아이의 뺨을 때린 적이 있는데 그 후로는 화만 나면 아이의 뺨을 때리게 된다며 자신이 미워 죽겠다고 하더군요. 그 엄마는 그런 자신에게 화가 나고, 그 일로 충격을 받았을 아이에게도 죄책감이 든다고 했습니다. 그런데도 다시 아이가 자신을 화나게 하면 또 뺨을 때릴 것 같아 두려워했지요.

✽ 화가 난 부모를 붙잡아 줄 아홉 가지 원칙

육아가 힘들고 스트레스를 많이 받는 일이기에, 그리고 세상에서 가장 중요한 일이기에 육아에 임하는 사람들은 자신을 다스릴 줄 알아야 합니다. 나름의 개성을 가진 아이를 어른의 잣대에 맞춰 키우려 하고 뜻대로 되지 않는다고 화를 내면, 좋은 부모가 될 수 없고 아이와 좋은 애착 관계도 형성할 수 없습니다. 그러니 제발 자신 안의 화를 다스리고 아이를 대하길 바랍니다. 다음은 화를 다스리는 방법입니다.

① 화가 날 때 일어나는 자신의 변화 파악하기

화가 날 때 자신의 감정과 몸 상태가 어떻게 변화하는지 자각해야 스스로를 제어할 수 있습니다.

② 숨 고르기

숫자를 세면서 숨을 깊이 들이마시고 내쉬는 것만으로도 마음이 가라앉고 생각이 정리됩니다.

③ 아이에게 화가 난 감정을 말해 주기

단, 소리를 지르기보다는 "엄마는 네 행동 때문에 정말 화가 났어"라고 차분하게 설명합니다.

④ 상상과 추측은 금물

아이를 막연히 골칫덩어리로 과장해 생각하지 말고, 나쁜 행동을 보이거나 말을 안 듣고 떼를 쓰는 원인이 무엇인지 객관적으로 생각해 보세요.

⑤ 감정적으로 받아들이지 않기

아무리 험악한 기세로 대들어도 엄마는 아이가 절대로 일부러 그런 것이 아님을 믿어야 합니다. 다 큰 어른도 화가 나면 길길이 날뛰는데, 아직 감정 조절 능력이 성숙하지 못한 아이이지 않습니까.

⑥ 일단 멈춘 뒤 거리를 두고 지켜보기

분노가 폭발할 것 같으면 집 밖으로 나가는 등 일단 문제 상황으로부터 벗어나는 것도 방법입니다.

⑦ 그래도 화가 가라앉지 않는다면 스스로에게 말 걸기

'지금 아이는 뭘 바라는 걸까?', '지금 이 상황에서 내가 할 수 있는 일은 뭘까?' 하고 자문해 감정을 다스려 봅니다.

⑧ 자신의 방식과 생각을 지나치게 강요하는 것은 아닌지 돌아보기

어른들도 지키기 힘든 높은 기준을 세우고 아이에게 요구한다면 아이는 더 말을 듣지 않을 수 있습니다.

⑨ 현실적이고, 유연성 있고, 인간미 있게 육아 원칙 수정하기

부모 말을 전부 따르는 아이는 없고, 아이의 요구를 전부 들어주는 부모도 없습니다.

화가 났을 때 아이에게 절대 해서는 안 되는 말 ^{Tip}

1. "그렇게 울면 무서운 아저씨가 잡아간다."
실제로 이런 일이 일어나지 않기 때문에 거짓말을 가르치는 꼴이 됩니다.

2. "네가 그러면 그렇지. 그럴 줄 알았어."
부모마저 아이에게 빈정거리면 아이는 자신감을 잃게 됩니다.

3. "바보같이 왜 그러니?"
부모에게 '바보' 소리를 들은 아이는 스스로 바보라 생각하게 됩니다.

4. "내가 너 때문에 못 살아."
자신이 엄마를 괴롭히는 나쁜 존재라 생각하게 됩니다.

아이 앞에서
부부 싸움을 했어요

싸우지 않고 사는 부부는 없습니다. 부모들도 자라면서 자기 부모의 싸움을 한두 번은 목격했을 테고, 그것이 상처로 남아 있는 경우도 있을 것입니다. 그러나 부모가 된 지금은 부부 싸움이 아이에게 상처로 남는다는 것을 종종 잊곤 합니다. '부부 싸움은 칼로 물 베기'라고 부부는 화해를 하게 되어도, 싸우는 부모를 본 아이의 충격은 '칼로 물 베기'가 되지 않습니다.

✳ 부모의 싸움은 세상에서 제일 무서운 공포 영화

부모가 싸우는 것을 본 아이들의 충격은 부모가 생각하는 것 이상입니다. 엄마, 아빠가 싸우는 모습을 본 아이는 뭔가 큰일이 난 것 같아서 안절부절못하게 됩니다. 자신이 잘못을 해서 부모가 싸우는 것일지도 모른다는 생각을 하기도 하지요. 또한 아이는 엄마, 아빠가 싸워서 자신을 떠나는 건 아닐까 매우 두려워합니다.

게다가 아이는 부모의 높고 신경질적이며 적대감이 담긴 목소리를 들으면 불안과 공포를 느낍니다. 이때 신체적으로도 변화가 일어나는데, 심장 박동이 빨라지고 호흡이 가빠지며 땀을 흘리고 근육이 긴장됩니다. 이런 반응은 공포 영화를 봤을 때 일어나는 우리 몸의 변화와 비슷합니다. 아이에게는 부모의 싸움이 이 세상 그 어떤 공포 영화보다 더 무서운 것이지요.

부모의 싸움을 본 아이들은 평소에 부모의 목소리가 조금만 커져도 깜짝깜짝 놀라곤 합니다. 싸울 때 들었던 큰 목소리와 평상시의 큰 목소리가 구분이 안 되기 때문이지요. 부모가 자주 싸우는 모습을 보이면 아이는 결국 소심하고 눈치 보는 아이가 됩니다.

✱ 아이도 싸움으로 문제를 해결하려 합니다

아이에게 부부 싸움을 보여 주면 안 되는 또 다른 이유는 아이 역시 자라면서 문제가 생기면 싸움으로 해결하려 할 수 있기 때문입니다. 아이는 부모가 한 행동을 배우고 모방합니다. 배운 게 싸움이니 자신도 문제를 싸움으로 해결하려 드는 것이지요.

부모의 싸움을 자주 보고 자란 아이들은 어른이 되면 친구 관계, 형제 관계, 심지어 부부 관계에서도 싸움으로 문제를 해결하려 합니다. 그런 사람을 누가 반기겠습니까. 결국 인생 자체가 불행해질 수밖에 없습니다. 그러므로 절대 아이 앞에서는 부부 싸움을 하지 말아야 합니다. 부부 사이의 갈등은 둘만 있는 자리에서 푸는 것이 정답입니다.

✱ 부부 싸움이 필요할 때는 이렇게

아무리 부부 싸움이 아이에게 좋지 않다고 해도 부부가 한 번도 싸우지 않고 산다는 것은 불가능한 일입니다. 또 건전한 부부 관계를 위해서라도 상대방에 대한 불만을 가슴속에 담아 두고 있기보다는 때로는 부부 싸움을 통해 표출하는 것도 필요합니다. 부부 싸움을 할 수밖에 없는 상황이라면 이렇게 해 보세요.

① 싸움 장소는 아이가 보지 않는 곳으로

아이에게 일부러 공포 영화를 보여 줄 필요는 없습니다. 아이가 잠들었을 때나 아이가 보지 않는 곳에서 싸우도록 하세요. 아이 앞에서는 절대 싸우는 모습을 보이지 말아야 합니다.

② 싸운 후 바로 아이와 마주하지 않기

싸운 다음에는 감정의 앙금이 남아 있게 마련입니다. 그 상태에서 아이를 마주하면 아이에게 화풀이를 하게 되지요. 적어도 30분 후에 아이와 눈을 마주치도록 하세요.

③ 아이가 부부 싸움을 목격했을 때는 즉시 달래기

주의했는데도 불구하고 아이가 부부 싸움을 보았을 때는 그 즉시 싸움을 중지하고 아이를 달래야 합니다. 아이를 꼭 안고 "엄마랑 아빠가 싸운 게 아니라 조금 큰 소리로 이야기한 것뿐이야"라고 말해 주는 것이 좋습니다.

욱하는 마음에
아이를 때리고 말았어요

　부모들은 종종 사랑의 매를 듭니다. 그러나 사랑의 매라는 것은 당장은 효과가 있을지 몰라도 적잖은 부작용을 남깁니다. 아이가 '사랑'은 느끼지 못하고 자신을 아프게 한 '매'를 폭력으로 받아들일 수 있기 때문이지요. 매는 들지 않는 것이 원칙입니다. 그래도 어쩔 수 없이 매를 들어야 한다면 반드시 원칙과 절차를 밟아야 합니다.

❋ 지혜로운 꾸짖음과 기다릴 줄 아는 여유

　명심해야 할 점은 야단치는 일은 화를 표현하는 게 아니라 교육이라는 사실입니다. 아이 스스로 잘못을 반성하게 하기 위해서는 지혜로운 꾸짖음과 기다릴 줄 아는 여유가 필요하지요.

아이를 야단칠 때도 반드시 지켜야 할 원칙이 있습니다. 가능하면 매가 아닌 방법으로 야단치되, 꼭 매를 들어야 한다면 일관성이 있어야 합니다. 엄마 기분이 나쁠 때만 매를 들거나, 손님이 많다고 특별히 봐 주는 등 일관성 없이 체벌하면 아이는 혼란을 느낍니다. 또 같은 잘못인데도 어제는 안 때렸는데 오늘은 때린다면 아이는 억울하다는 생각을 하게 되지요.

✱ 감정을 절제하고 원칙대로 체벌하기

부모의 일방적인 기준에 의해 체벌하기보다는 아이와 함께 기준을 정하고, 그 기준에 어긋났을 때 체벌하는 것이 바람직합니다. 매를 들 때에는 부모의 감정을 절대로 싣지 마세요. 그러면 폭력이 됩니다. 참지 못할 정도로 화가 난다면 자신의 기분부터 추스른 후에 체벌하는 것이 좋습니다.

매는 잘못한 만큼만 때리고, 회초리 같은 도구로 손바닥이나 종아리 등 일정한 부위만 때려야 합니다. 아무것이나 손에 잡히는 대로 잡고 아무 데나 때리는 것은 아이들에게 감정적인 사람으로 보이기 쉽습니다. 그러면 체벌의 의미도 사라지지요.

체벌의 이유를 아이에게 분명히 설명해 주고, 잘못을 저지른 그 즉시 벌을 주는 것도 중요합니다. 시간을 오래 끌지 말고, 짧은 시간에 확실하게 때리는 것이 효과적입니다. 체벌의 시간이 길수록 아이의 좌절감도 커지니까요. 또한 때린 후에는 반성할 시간을 주면서 반드시 위로해 주어야 합니다. 매를 들었다고 해도 엄마 아빠의 사랑은 변함없다는 것을 알게 하기 위해서지요.

너무 자주 매를 들면 아이는 매를 겁내지 않게 됩니다. 심하게 매질을 할 경우 부모 앞에서는 말을 잘 듣다가도 밖에 나가면 자기보다 약한 사람을 때리거나 못살게 굴 수 있습니다. 사실 매는 들지 않는 것이 좋습니다. '매'보다는 '말'로 아이를 다스리는 부모가 되는 것이 바람직합니다.

✱ 매를 절대 들지 말아야 하는 경우

대소변을 가리지 못하거나 호기심과 모험심을 가지고 행동을 한 경우, 성기를 만지작거리는 경우에는 절대로 매를 들어 죄책감을 갖게 해서는 안 됩니다. 예컨대 아이가 부주의로 컵을 깼다면 이는 아이의 호기심이라는 본능 때문에 벌어진 일입니다. 이를 혼내면 아이의 호기심을 저하시킬 수 있으니 주의해야 합니다. 무조건 "싫어"를 반복한다거나 무언가를 사 달라고 떼를 쓰는 것도 못된 버룻이 아니라, 정상적인 발달 과정에서 나타나는 행동이므로 매를 들지 않는 게 좋습니다.

Chapter 2

성장 & 발달

애착 형성을
잘해야 한다는데,
방법을 모르겠어요

육아 정보를 다루는 매체에서는 하나같이 '애착 형성'의 중요성을 강조합니다. 동시에 애착 형성이 잘 이루어지지 않았을 때 나타나는 문제점에 대해서도 이야기하지요. 그런데 이런 정보를 접하는 엄마는 답답하기만 합니다. 어떻게 해야 애착이 잘 형성되는지 모르기 때문이지요. 아이에게 무조건 잘해 주기만 하면 되는 걸까요?

✱ 세 돌까지는 일대일로 안정적 보육을 해야

어느 날 돌이 갓 지난 아이를 데리고 한 엄마가 병원을 찾아왔습니다. 그 엄마는 아이가 자신을 멀리하는 것 같다며 고민을 털어놓 있습니다.

"우리 아이는 저만 보면 화를 내요. 일을 끝내고 집에 가면 할머니 품에 안겨서 제게 화를 내며 물건을 집어 던지고 원망의 눈빛을 보내곤 해요. 생후 3개월 때부터 어린이집에 보내서 그러는 건지, 엄마 보기가 힘들다고 투정을 하는 건지 그 이유를 모르겠어요. 바쁜 시간을 쪼개 아이와 놀아 주려고 할 때 이런 과민 반응을 보이면 어떻게 해야 할지 모르겠어요."

그 엄마는 맞벌이로 정말 바쁜 하루하루를 살고 있었습니다. 하긴 이 땅의 부모 중 바쁘지 않은 사람이 누가 있을까요. 맞벌이 때문에 젖도 떼지 않은 아이를 어린이집이나 육아 도우미에게 맡길 수밖에 없는 가정은 또 얼마나 많은지요.

그러나 눈코 뜰 새 없이 바쁜 환경 속에서도 절대 놓치지 말아야 할 것이 아이와의 애착 형성입니다. 아이가 세상에 태어나 처음으로 만나는 사람이 부모입니다. 부모가 먹이고 재우고 씻기고 놀아 주며 안정적인 보육 환경을 제공해야 아이는 생존에 대한 불안감을 떨치고 안정된 정서를 갖게 됩니다.

만약 부모가 이런 환경을 제공할 수 없는 상황이라면 부모를 대신할 사람과 애착 관계를 형성할 수 있도록 적극적으로 노력해야합니다. 아이의 주 양육자가 바뀌지 않고 안정적인 보육 환경이 제공된다면 대부분의 아이는 안정된 정서를 갖게 됩니다. 그래서 맞벌이 부부라면 아이를 적어도 세 돌까지 안정적으로 돌봐 줄 주 양육자를 찾는 것이 무엇보다 중요합니다.

앞서 예를 든 경우에는 너무 어렸을 때부터 어린이집에 보냈던 것이 문제였습니다. 생후 3개월이면 어린이집을 보내기에는 너무 어린 나이지요. 아이가 주 양육자와 일대일 관계를 맺어야 할 시기인데 한 선생님이 여러 명의 아이를 돌봐야 하는 환경에 놓이다 보니 안정적인 애착 관계를 형성할 수 없었던 것입니다. 그것이 결국 물건을 집어 던지는 등의 폭력적인 행동으로 나타난 것입니다. 어쩔 수 없이 6개월 이전에 아이를 보육 시설에 보내야 하는 상황이라면 가급적 한 교사가 소수의 아이들을 지속적으로 돌보는 곳에 보내는 것이 좋습니다.

❋ 애착 형성이 잘 이루어지지 않은 아이의 특징

주 양육자와 애착이 제대로 이루어지지 않으면 불안정 애착 관계를 형성하게 됩니다. 애착이 불안정한 아이들은 5~6세가 되어서도 많은 스킨십을 요구하고, 엄마에게서 떨어지지 않으려는 경향을 보입니다.

또한 각종 행동 장애를 일으킬 위험이 높습니다. 다른 사람에게 적대적인 태도를 보이고, 의사 표현이 미숙해 칭얼대고, 스스로 분노를 조절하지 못하는 '분노 발작'을 보이기도 하지요. 공격성을 통제하지 못해 폭력적인 아이가 될 수도 있습니다.

애착이 불안정한 아이는 안정적으로 애착을 형성한 아이와 달리 적응 능력이 떨어집니다. 불안정 애착으로 인해 엄마에게 늘 반항하고 싶은 마음을 갖게 된 아이들은 충동적이고 수동적이며 의존적인 특성을 보입니다. 때문에 또래들과도 잘 어울리지 못하지요. 또 엄마가 무섭고 피하고 싶은 마음을 갖게 된 아이들은 자존감이 낮고 다른 사람에 대한 적개심이나 반사회적 행동을 보입니다. 이 경우 역시 또래들과 잘 어울리지 못합니다.

이런 아이들은 성인이 되어서도 사회생활에 잘 적응하지 못합니다. 애착의 문제가 성인이 되어서까지 이어지는 것입니다. 그러므로 애착이 처음 형성되는 초기 3년까지는 아이와 안정된 애착을 형성하기 위해 총력을 기울여야 합니다. 생후 3년이 평생을 좌우한다고 해도 과언이 아니니까요.

● 기본 원칙은 아이의 애착 행동에 적극 반응하는 것

병원을 찾은 그 엄마에게 애착 형성의 중요성을 설명하며 이제부터라도 애착 형성을 위해 노력하라고 이야기해 주었습니다. 그러자 애착 형성은 어떻게 하는 것이냐고 물어보더군요. 저는 '아이의 모든 행동과 말에 반응해 주는 것이 애착 형성의 기본'이라고 일러 주었습니다.

태어나서 세 돌까지의 최대 발달 과제는 애착 형성입니다. 대부분의 부모들은 아이와 애착 형성을 위해 부모만 노력하는 것으로 알고 있는데 사실은 그렇지 않습니다. 아이도 자기가 할 수 있는 모든 노력을 기울이고 있지요. 이것을 '애착 행동'이라고 하는데, 엄마를 찾으며 울고, 엄마와 눈을 맞추고, 엄마가 웃으면 따라 웃는 등 애착 형성을 위한 다양한 행동을 보이는 것을 말합니다. 어른들이 보기에는 일상적인 행동이 아이들에게는 애착 형성을 위한 노력인 셈이지요.

이러한 애착 행동은 아이의 발달에 매우 큰 영향을 미칠 뿐 아니라 생존과도 관련되어 있습니다. 아이가 엄마를 쳐다보고, 미소 짓고, 울고, 발버둥 치는 것은 엄마로 하여금 껴안아 주고, 음식을 주고, 기저귀를 갈게 하지요. 이렇듯 아이는 애착 행동을 통해 자신의 생존에 필요한 엄마의 보호를 끌어냅니다.

그러므로 애착 형성을 위해 가장 먼저 할 일은 애착 행동에 적극적으로 반응하는 것입니다. 아이가 울면 달려가고, 엄마에게 뛰어오면 번쩍 안아 주고, 엄마와 눈을 맞추고 싶어 하면 따뜻한 눈길로 바라봐 주세요. 엄마가 아이의 애착 행동에 적극적으로 반응해 주기 힘든 상황이라면 아빠가, 아빠 역시 힘들다면 대리 양육자가 대신해 주면 아이는 안정된 애착을 형성할 수 있습니다.

❋ 엄마가 행복해야 애착의 질이 높아집니다

엄마와 아빠가 있고, 부모 사이가 원만하며, 안정적으로 보살핌을 받을 수 있는 환경일 때 아이는 무리 없이 애착을 형성할 수 있습니다. 아이를 둘러싸고 있는 환경에서 가장 중요한 것은 엄마입니다. 엄마의 양육 태도에 따라 애착의 질이 달라지지요.

엄마가 자주, 오랜 시간 아이를 돌보고 재미있게 놀아 주는 행동은 애착 형성을 촉진시킵니다. 이 같은 엄마의 양육 행동은 엄마의 심리적·신체적 건강 상태, 부부 관계 만족도, 경제적 여건 등에 의해 큰 영향을 받습니다. 아이를 얼마나 사랑하는가의 문제와는 별도로, 엄마가 먼저 안정적이고 행복해야만 아이 또한 행복하게 클 수 있는 거지요. 엄마가 우울해하거나 슬퍼하고 있으면 아이와 정상적인 애착을 쌓을 수 없습니다.

❋ 애착 형성을 위한 적극적인 애정 표현법

아무리 아이를 사랑한다 해도 표현하지 않으면 아이는 알지 못합니다. 애착 형성을 위해서는 아이가 사랑받고 있음을 느낄 수 있도록 자주 애정 표현을 해 주어야 합니다. 이 시기에는 애정 표현을 아무리 많이 해도 지나치지 않습니다.

① 몸으로 하는 애정 표현, 스킨십

꼭 안아 주기, 부드럽게 머리 쓰다듬어 주기, 등을 토닥토닥해 주기, 얼굴과 몸에 뽀뽀해 주기, 간지럼 태우기, 놀이를 하며 자연스럽게 스킨십 나누기, 볼 맞대고 비비기.

② 말로 하는 애정 표현

"사랑해"라고 자주 이야기하기, "너는 최고야"라고 이야기하기, 아이가 좋은 행동을 하면 "잘했네" 하고 칭찬하기, 아이를 존중하며 부드럽게 이야기하기.

모유, 젖병

억지로 떼지 마세요

돌이 지나면 젖을 언제까지 물려야 할지, 젖병은 또 어떻게 끊어야 할지 고민이 시작됩니다. 하루아침에 젖을 끊고 우유나 고형식을 쉽게 먹는 아이는 세상에 없습니다. 젖이 안 나와도 계속 엄마젖을 빠는 아이도 있고, 5세까지 젖병을 물고 다니는 아이도 있습니다.

어떤 사람은 단호하게 끊어야 한다고 하고, 또 어떤 사람은 때가되면 저절로 끊게 되니 내버려 두라고 합니다. 아이 문제로 고민되거나 헷갈리는 것이 생기면 하나만 생각하면 됩니다. 바로 '아이입장에서는 어떻게 해야 좋을까?' 이지요. 젖을 떼는 문제도 마찬가지입니다.

* 아이가 젖을 떼지 못하는 진짜 이유

돌 이후에 필요한 영양도 고려해야 하고 식습관도 잡아 줘야 하기 때문에 엄마들은 아이가 젖을 떼지 못하면 조급해집니다. 그래서 젖을 빨리 떼게 하려고 젖꼭지에 쓴 약을 바르거나, 아이가 보는 앞에서 젖병을 쓰레기통에 버리기도 합니다. 단호하게 대처하지 않으면 아이 고집이 더 세져 젖을 떼는 것이 점점 더 어려워진다고 생각하기 때문이지요.

그러나 아이 입장에서 한번 생각해 보세요. 젖을 먹는다는 것은 아이에게는 단순히 영양을 섭취하는 것이 아닙니다. 아이에게는 엄마의 사랑을 느낄 수 있는 최고로 행복하고 편안한 시간이 바로 엄마 품에서 젖을 먹을 때입니다. 아이가 정서적으로 가장 안정감을 갖는 순간이지요. 그 시간을 단번에 빼앗는 것은 아이에게 너무 잔인한 일입니다.

아이가 젖병이나 고무젖꼭지를 빠는 것도 같은 맥락에서 이해해야 하는 일입니다. 아이는 젖병이나 젖꼭지를 빠는 행동을 통해 안정감을 갖게 됩니다. 그래서 병원과 같은 아주 낯선 장소에 가면 젖병이나 고무젖꼭지, 혹은 손가락을 더욱 심하게 빨게 되지요.

기질이 예민하고 불안이 심한 아이인 경우 어느 날 갑자기 그것들을 빨지 못하게 하면 발작을 일으키기도 합니다.

★ 적응할 시간이 필요합니다

마치 달리기 경주라도 하듯이 첫돌을 출발선으로 삼아 젖을 무섭게 끊어 버리는 엄마들이 있습니다. 집 안에 있는 젖병이나 고무 젖꼭지를 다 치워 버리고는 아이에게 컵과 수저를 내밀곤 하지요.

일부 소아과 선생님들은 그렇게 단호하게 대처해야만 영양 불균형이나 치아 손상 등을 예방할 수 있다고 말합니다. 또한 젖을 늦게 뗄수록 그것에 의존하는 성향이 더 강해져서 사회성과 자립심이 떨어진다고도 하지요.

하지만 저는 적응할 시간 없이 갑자기 젖을 뗄 경우에 아이가 받을 정서적 충격이 더 심각하다고 봅니다. 발달상 아이가 적정 시기에 젖을 떼어야 하지만, 충분한 시간을 두고 적절한 절차를 따르는 것이 좋지요.

젖을 빨리 끊으려는 이유 중 하나가 영양학적으로 돌 이후에는 모유 대신 꼭 우유를 먹여야 한다는 생각 때문인데, 사실은 그렇지 않습니다. 모유의 면역 기능이 떨어져 돌 전후 아이들에게 영양을 보충해 줘야 하는 것은 맞지만, 엄마들이 생각하는 것처럼 아이가 우유를 먹지 않는다고 해서 영양 결핍에 걸릴 리는 없습니다. 오히려 어느 날 갑자기 모유를 끊었다가는 애정 결핍이 생길 수 있습니다.

☀ 젖을 떼기에 앞서 살펴봐야 할 것들

① 이유식 과정은 순조롭게 진행되고 있는가

돌이 가까워도 이유식은 먹지 않고 오로지 엄마 젖이나 분유만 먹는 아이들이 있습니다. 기질적으로 예민하거나 불안이 심한 아이들은 젖이나 젖병에 대한 집착이 심합니다. 또한 미각이 예민한 아이들의 경우 이유식에 적응하지 못해 계속 젖을 찾기도 합니다.

② 컵과 숟가락을 쥘 수 있는가

아이가 8개월이 되면 어느 정도 손으로 물건을 쥘 수 있게 됩니다. 이 시기에 숟가락이나 컵을 쥘 수 있어야 젖을 뗀 후 바른 식습관을 들일 수 있습니다. 아이가 숟가락과 컵을 사용할 준비가 전혀 되지 않았는데 젖부터 떼는 것은 순서상 맞지 않지요. 엄마가 대신 쥐고 먹여 주거나 손에 쥔 숟가락을 빼앗으면 아이는 젖이나 젖병에 더욱 매달리게 될뿐더러 아이의 자립심 형성에도 좋지 않습니다.

③ 어른들과 함께 식사하는 것에 흥미를 보이는가

젖을 뗀다는 것은 이제 본격적으로 식습관이 만들어진다는 것을 의미합니다. 아이의 식습관을 만들어 주기 위해서는 먼저 제시간에 식탁에 앉아 여러 가지 음식을 먹는 식사 방법에 아이가 흥미를 보여야 합니다. 이유식을 먹을 시간이 되면 아이를 식탁 의자에 앉히거나, 어른들 식사 시간에 맞춰 가족들이 모인 자리에서 이유식을 먹이는 식으로 아이의 관심을 유도하는 것이 좋습니다.

젖을 떼는 것에 있어서 시기 자체가 중요한 것은 아닙니다. 다른 아이보다 조금 늦는다고 걱정할 필요도 없습니다. 몇 달 젖을 빨리 떼려고 적응도 안 된 아이에게서 엄마의 품을 빼앗는 잘못을 저지르기보다는, 조금 천천히 떼더라도 새로운 식습관에 자연스럽게 적응할 수 있도록 해 주어야 합니다.

배변 훈련,
어떻게 시작하면 좋을까요?

부모들이 두 돌 전에 꼭 해야 한다고 여기는 일이 바로 대소변 가리기입니다. 언제 기저귀를 떼느냐를 발달의 척도라고 생각하는 것이지요. 그래서 일찌감치 아기 변기를 준비하는 등 대소변 가리기 작전을 세웁니다. 하지만 중요한 일은 첫 단추를 어떻게 끼우느냐 하는 것입니다. 배변 훈련 역시 첫 단추를 잘못 끼우면 몇 년간 골치를 썩게 됩니다.

* 정해진 나이는 없습니다

걸음마는 언제 시작하고, 말문은 언제 트이고, 놀이방은 언제 보낼 수 있는지 등등 무엇이든 그 시기를 알아보고 그보다 내 아이가 조금이라도 늦으면 무슨 큰 문제가 있는 것처럼 생각하는 부모들이 있지요. 하지만 저는 아이 발달을 수치화하는 것을 반대합니다. 아이의 발달은 신체적·정서적 성숙도, 뇌 발달, 양육 환경 등 여러 가지 면이 종합적으로 작용하여 이루어집니다. 그런 여러 가지 요인이 아이마다 다르기 때문에 발달 과정이나 속도 역시 아이마다 다를 수밖에 없습니다.

대소변을 가리는 문제에 있어서도, 부모의 머릿속에는 '18개월이 되면 배변 훈련을 시작해야 한다'는 공식이 박혀 있습니다. 그래서 18개월에 접어들기가 무섭게 본격적인 기저귀 떼기 훈련에 나섭니다. 아이를 억지로 아기 변기에 앉히고, 잘 노는 아이를 붙들어 세워 바지를 내리고 나오지도 않는 오줌을 억지로 눕니다. 어쩌다 바지에 실수를 하면 말귀도 못 알아듣는 아이의 엉덩이를 때리며 혼을 내지요. 이는 부모들이 대소변을 가릴 줄 아는 것을 발달의 척도로 삼기 때문입니다. 하지만 대소변을 가리는 것은 지능이나 운동 신경과는 거의 연관이 없습니다.

똑똑한 아이가 대소변을 잘 가리는 게 아니라, 대소변을 조절하는 근육이 훈련이 잘됐을 때 대소변 가리기는 자연스럽게 이뤄집니다. 그러니 조급해하며 아이를 다그치지 마세요. '18개월'의 의미는 그 시기에 근육 훈련을 시켜야 대소변을 가린다는 것이지, 그때부터 대소변을 못 가리면 안 된다는 뜻이 아닙니다.

✱ 대소변을 가리게 하기 위한 몇 가지 조건

대소변을 빨리 가리면 엄마는 편합니다. 기저귀로부터 그만큼 빨리 해방되니까요. 하지만 엄마가 아이의 대소변 가리기에 열을 올리면 아이는 스트레스를 받습니다. 엄마를 기쁘게 하기 위해 어느 정도 노력은 하겠지만, 실수를 하고 지적을 받을 때마다 중압감이 쌓이지요. 그 결과 변을 억지로 참느라 변비가 생기기도 하고, 밤에 오줌을 지리는 '야뇨증'이 나타나기도 합니다.

아이가 대소변을 제대로 가리려면 몇 가지 조건이 있습니다. 먼저 대소변이 마렵다는 것을 몸으로 느낄 수 있어야 하고, 화장실에 갈 때까지 그 느낌을 참을 수 있을 만큼 근육이 발달해야 합니다. 또한 변기를 사용하는 법을 이해해야 하므로 아이가 엄마 말을 어느 정도 알아들을 수 있어야 합니다.

하지만 이 조건들이 충족되어도 아이가 거부를 하면 좀 더 기다려야 합니다. 이 시기의 아이들은 자의식이 발달해 엄마가 하는 말에 곧잘 반항하는데, 배변 훈련 역시 반항심으로 인해 거부하는 경우가 많습니다.

때문에 엄마는 근육이 잘 발달되도록 훈련하는 한편, 이러한 아이의 발달 상황을 고려해 느긋하게 기다릴 줄도 알아야 합니다. 엄마가 과도하게 대소변 가리기에 집착하면 그 스트레스로 아이의 성격만 나빠집니다.

아이가 "엄마, 응가!" 하고 말한다면 배변 훈련을 시작할 때가 된 것입니다. 굳이 아기 변기를 마련하지 않아도 됩니다. 아기 변기든 일반 변기든 우선 변기와 친숙해지는 것이 중요합니다.

아이가 변기에 친숙해진 다음에는 대변을 보고 싶어 할 때마다 옷을 벗겨 변기에 앉힌 다음 얼굴을 마주하고 "응가, 응가" 하면서 아이가 힘줄 때 같이 힘주는 시늉을 합니다. 아이가 싫어하면 억지로 강요하지 말고, 배변에 성공할 때에는 칭찬을 아끼지 마세요. 그러면 아이는 엄마의 칭찬과 배변 후의 상쾌함을 좋은 기억으로 남기게 되고, 이런 좋은 기분은 머리에 계속 남아 배변을 조절하는 기초가 됩니다.

✻ 대소변을 잘 가리던 아이가 갑자기 바지에 실수를 한다면?

대소변을 가린 지가 한참이 지났는데 어느 날 갑자기 아이가 바지에 소변을 지리는 경우가 있습니다. 그 대부분은 관심을 끌기 위한 표현입니다. 때문에 부모가 관심과 애정을 쏟으면 어렵지 않게 고칠 수 있습니다.

아이들이 이런 퇴행 행동을 하는 가장 흔한 예는 동생을 보았을 때입니다. 동생이 생기면 아이는 엄마가 동생에게만 관심을 쏟는다고 생각하면서 자기에게 당연히 와야 할 사랑을 빼앗겼다는 박탈감을 느낍니다. 이때 빼앗긴 부모의 관심을 끌고 싶어 자기도 모르게 실수를 해 버리는 것입니다. 의도적인 경우도 있지만, 대부분 무의식중에 나오는 행동이어서 아이 스스로도 조절을 못 할 때가 많습니다.

또한 부모에게 크게 혼이 났거나 매를 맞았을 때 심리적 충격을 받아 소변을 지리기도 합니다. 심리적 충격에 반항심이 섞여 부모가 싫어할 만한 행동을 하는 것이지요.

이처럼 아이의 대소변 가리기는 여러 가지 심리적 원인으로 다시 힘들어질 수 있습니다. 이럴 때 "다 큰 애가 왜 그러니?" 하는 식으로 야단을 치면 상황이 더 나빠집니다. 당황스럽고 화가 나더라도 대수롭지 않게 넘기고, 평소에 "예쁘다", "잘했다" 하고 칭찬을 해 주어야 합니다. 어떤 상황에서든 부모의 사랑과 관심이 변함없

잠자리에서의 Tip 실수 막기

낮에는 소변을 잘 가리다가 자면서 꼭 실수하는 아이가 있습니다. 이런 경우에는 자기 전에 반드시 소변을 보는 습관을 들이도록 하세요. 잠에서 깨 소변을 보고 싶다고 하면 방 안의 아기 변기를 이용하게 하기보다는 정신을 차리게 해 화장실로 가도록 하는 것이 좋습니다. 하지만 이불에 실수를 하는 것이 오래 지속되면 정확한 원인을 알아야 하므로 전문의의 도움을 받기를 권합니다.

다는 것을 말과 행동으로 표현해 주는 것이 아이의 퇴행 현상을 바로잡는 가장 효과적인 방법입니다.

독립심을 키우려다
아이를 망칠 수 있습니다

아이가 걷고 말하기 시작하면 부모 마음이 바빠집니다. 해 줘야 할 것도 많고, 다른 아이에 비해 뒤떨어지지는 않는지 걱정도 됩니다. 이때 부모들이 신경 쓰는 것 중 하나가 '독립심'입니다. 돌 지난 아이를 둔 부모들의 또 하나의 과제, 일명 '혼자서도 잘해요'. 어떻게 하면 내 아이가 독립적으로 설 수 있을까요?

❋ 돌쟁이에게 가장 무서운 것

12개월이 넘어서면서부터 아이는 엄마와 떨어져 조금씩 세상을 경험합니다. 걸을 수 있는 만큼 보고 듣고 느끼는 세상도 넓어져 가지요. 또한 자의식이 생겨서 자기 고집도 무섭게 늘어납니다. 재미있는 것은 고집과 반항이 느는 만큼 반대로 엄마 곁에 머물고 싶어 한다는 점입니다. 그래서 엄마에게 무조건 떼를 쓰고 엄마 뜻에 맞서 반항하면서도, 엄마가 안 보이면 무섭게 울면서 엄마를 찾습니다.

심한 아이는 엄마가 밥을 차리려고 부엌에만 들어가도 울음을 터트립니다. 그러면 엄마는 아이가 가뜩이나 고집불통인데 의존적으로 자라기까지 할까 봐 걱정하지요. 엄마 생각엔 이제 엄마 말고 또래 친구나 친척들에게 눈을 돌릴 만도 한데 늘 곁에 붙어 있으려는 아이를 보면 속이 상하고 화도 납니다.

소아 정신과에서는 이런 아이들을 가리켜 '순간적인 고아'라고 부릅니다. 엄마가 어느 날 갑자기 아이를 떼어 놓았을 때, 아이가 세상에 혼자 남겨진 고아와 같은 심정을 느끼게 된다는 것을 표현한 말입니다. 이 시기의 아이에게 가장 무서운 것은 바로 엄마로부터 떨어지는 것입니다.

때문에 결론부터 말하자면 이 시기의 아이에게 독립심을 키워 준다고 억지로 엄마로부터 떨어트리는 것은 위험한 발상입니다. 첫돌 이전에 조금씩 보이는 분리 불안은 돌 이후에도 계속되어 적어도 36개월이 되어야만 극복이 되지요.

돌 지난 아이에게 독립심을 키워 주려는 것은 아직 걸음마도 못 떼는 아이에게 뛰라고 요구하는 것과 마찬가지입니다. 독립심과 자율성을 길러 줘야 한다며 아이에게 무리한 요구를 해서는 안 됩니다.

✱ 독립성의 첫 기반은 엄마와의 애착

아이의 독립성은 생후 초기에 형성된 엄마와의 애착에 그 뿌리를 둡니다. 생후 6개월까지 아이들은 일방적인 보살핌을 받으며 엄마에게 애착을 갖게 되지요. 이 과정에서 아이는 자신을 보호해 주고 돌봐 주는 사람은 꼭 엄마여야 한다고 느끼게 됩니다.

그러다가 8개월 전후로 낯가림이 시작된 아이는 유독 엄마만 따릅니다. 아이가 낯가림을 한다면 아이와 엄마의 애착이 성공적으로 형성됐다고 볼 수 있습니다. 아이 입장에서 생각해 보면 낯선 세상에 태어나 유일한 의지처가 엄마이므로 엄마만 따르는 것이 당연합니다.

12개월 이후로 아이는 비로소 사회적인 상호작용을 하게 됩니다. 기어 다니고 스스로 움직이는 것에 익숙해지면서 아이는 또래 아이들이나 다른 사람들에게 조심스럽게 접근합니다. 지금까지 '나'에게만 관심을 가졌던 아이가 나 아닌 다른 세상과 만날 준비를 하는 것이지요. 하지만 아직은 아주 조심스러운 접근입니다. 엄마가 곁에 있을 때에만 편안한 마음으로 탐색을 하지요. 조금 다가

가다가도 엄마가 안 보이거나 상대방이 너무 적극적으로 다가오면 금방 엄마를 찾습니다.

❋ 한 번 더 안아 주는 것이 독립성을 키우는 지름길

그러다가 두 돌에 가까워지면 비로소 사회성과 독립성을 조금씩 키워 갑니다. 엄마에 대한 애착을 바탕으로 자립을 시도하게 되는 것이지요. 또 내 것과 남의 것을 구별하게 되고 소유욕도 생깁니다. 이 시기에는 엄마와의 애착이 안정적이면 엄마와 잠시 떨어져 있어도 아이는 그다지 불안해하지 않습니다. 엄마가 한 공간 안에, 자기 가까이에 있다는 것만 알면 혼자서도 잘 놀지요. 하지만 혼자 놀다가도 늘 엄마가 주변에 있는지 반드시 확인한답니다.

독립성과 사회성 발달의 초기인 생후 1~2년 사이에 무엇보다 중요한 것은 엄마와의 애착 형성입니다. 아이가 엄마를 더 찾고 집착할 때 억지로 아이를 떼어 놓는 것은 오히려 아이의 독립성을 죽이는 독이 됩니다. 아이 손을 놓는 것이 아니라 한 번 더 안아 주는 것이 독립적인 아이를 키우는 방법이라는 것이지요. 아이는 엄마의 사랑 안에서 안정감을 가질 때 비로소 안심하면서 세상 밖으로 나아갈 수 있습니다.

아이가
'엄마', '아빠'라는

말도 못해요

"우리 아이는 이제 조금 있으면 두 돌이 되는데, '엄마', '아빠'란 말도 하지 못해요. 뿐만 아니라 간단한 말도 못 알아들어요. 왜 그런 걸까요?"

또래 아이들은 곧잘 말도 하고 엄마가 하는 말에 이런저런 반응도 해 보이는데, 내 아이는 말을 하기는커녕 '엄마' 소리도 잘 못한다면 당연히 걱정이 되겠지요.

이 경우 정말 아이의 언어 발달에 문제가 있는 것인지, 아니면 발달이 조금 느린 것뿐인데 조바심을 내는 건 아닌지 잘 살펴보아야 합니다. 아이의 언어 발달을 위해 무엇보다 중요한 것은 양육 방식과 성장 환경이랍니다.

아이들은 보통 6개월이 지나야 옹알이를 시작하고, 돌이 넘어서면서 쉬운 말로 지시를 하면 알아듣고 반응합니다. 그러다가 두 돌이 지나면 "엄마, 밥 줘" 등 세 단어가 들어가는 문장을 말할 수 있게 되지요.

하지만 언어 발달은 아이의 나이에 비례하는 것이 아니기 때문에 몇 개월 늦는 것은 크게 문제가 되지 않습니다. 만약 돌이 지났는데 '까꿍 놀이' 등 간단한 놀이를 할 수 없고, 18개월 즈음에 간단한 지시를 알아듣지 못하고, 24개월 전까지 아무 말도 하지 못한다면 언어 발달에 문제가 없는지 살펴봐야 합니다. 전반적인 발달 상황을 고려해 그 원인을 찾아 적절한 치료를 한다면 대부분 정상적으로 언어 발달이 이뤄집니다.

* 언어 장애의 원인

언어 장애의 원인에는 여러 가지가 있습니다. 우선 임신 중의 과도한 스트레스, 음주와 흡연, 영양 결핍, 약물 복용 등이 그 원인이 될 수 있습니다. 이 경우 태아의 뇌가 정상적으로 형성되지 못할 가능성이 있는데, 그러면 태어난 후에 인지와 정서, 기억 능력의 발달이 총체적으로 지연됩니다. 결국 언어 장애가 생길 가능성도 높아지지요.

간혹 지능은 정상이면서 언어 발달이 좀 늦어지는 아이들이 있는데, 알아듣기는 하지만 말을 못하는 경우가 이에 해당합니다. 이때는 말하는 것만 늦어질 뿐이어서 특별한 치료를 받지 않아도 시간이 지나면 좋아지는 경우가 대부분이니 너무 걱정하지 않아도 됩니다.

만약 아이가 말이 늦는 동시에 어떤 행동을 해도 따라 하지 않고, 이상한 행동을 반복하고, 사람에게 관심이 없다면 자폐 스펙트럼 장애를 의심해 볼 수 있습니다. 자폐 스펙트럼 장애도 언어 장애의 한 원인입니다. 자폐 스펙트럼 장애가 있는 아이들은 태어난 지 몇 개월이 지나도 엄마와 눈을 맞추지 않고 웃지 않으며, 안아 달라고 요구도 하지 않습니다.

아이큐 70 이하의 지능이 낮은 아이도 말을 배우기가 어렵습니다. 이런 아이들은 소리에 자연스럽게 반응하고 옹알이도 하지만, 자라면서 또래 아이들과 의사소통을 하지 못하고 사용하는 어휘도 빈약하지요. 또한 언어 이외에 전반적인 발달이 또래에 비해 늦는 것이 특징입니다.

청각 장애가 있어서 말이 늦는 경우도 있는데, 이는 소리를 듣지 못해 언어 획득이 어려워진 경우입니다. 이 경우 청각에 장애가 있더라도 옹알이는 정상적으로 시작합니다. 그러나 정작 말을 배울 때 정상적인 발음이 안 되지요. 이때는 보청기 등을 사용해서 청각 장애를 보완해 주면 정상적인 언어 발달이 어느 정도 가능합니다.

이 밖에 중이염으로 청력이 나빠진 경우에도 언어 발달이 늦습니다. 뇌의 청각 신경이 성숙되는 시기는 생후 0~12개월인데, 이때 중이염을 앓으면 청각 신경이 제대로 성숙되지 못해 청각 기능이 상실될 가능성이 있고, 언어를 담당하는 부분에 심각한 악영향을 줄 수도 있지요.

어떠한 원인으로 언어 장애가 온 것인지 세심하게 관찰하고 판단해 하루빨리 치료에 들어가야 합니다. 언어 발달이 늦으면 학습은 물론 대인 관계에서도 문제가 생기므로 정서 발달에도 어려움이 생길 수 있습니다. 따라서 언어 발달 장애가 의심되면 두 돌 전후 늦어도 세 돌 이전에는 전문가의 평가를 받아 보는 것이 필요합니다.

❋ 아이의 언어 발달을 도와주는 생활법

아이의 언어 발달은 무엇보다 양육 방식에 의해 많이 좌우됩니다. 평소 아이와 잘 놀아 주고 교감을 쌓으면 그만큼 언어 발달에 도움이 될뿐더러 정서적으로도 밝고 안정된 아이로 자랄 수 있습니다. 아이의 언어 발달을 돕는 생활 방침은 다음과 같습니다.

① 말을 가르치겠다는 생각을 버리기

책을 읽어 주거나 글자 카드를 보여 주는 것은 언어 발달에는 도움이 되지 않습니다. 언어는 의사소통을 위한 수단이므로 사람과의 교류를 통해 실제로 듣고 따라 하는 것이 효과적이지요. 아이의 언어 발달을 위해서는 먼저 말을 가르치겠다는 생각부터 버리세요. 글자 하나를 보여 주는 것보다는 아이와 눈을 맞추면서 따뜻하게 말을 건네는 것이 더 낫습니다.

② 아이가 원하는 것에 주목하기

아이가 무엇을 보고 있고, 무엇을 하려고 하는지, 또 아이의 기분이 어떤지 주의 깊게 관찰해야 합니다. 아이는 자기가 관심이 있고 좋아하는 것에 대해 호기심을 갖고 알려고 하지요. 언어 발달에 있어서도 마찬가지입니다. 아이가 원하는 것이 무엇인지 파악하세요. 그래야만 아이에게 바로 가 닿을 수 있는 적절한 말을 찾을 수 있습니다.

③ 아이가 하는 말에 반응하기

아이의 말이나 몸짓, 표정에 반응해 주는 것은 언어뿐 아니라 아이의 모든 발달에 도움이 됩니다. 꼭 말에만 반응하지 말고 아이의 몸짓 하나, 표정 하나에도 반응하고 따라 해 주세요. 아이들은 부모가 자신의 말을 모방할 때 언어에 대한 관심이 높아집니다.

④ 간단하고 정확하게 말하기

두 돌 전의 아이는 어렵고 긴 말을 알아듣지 못합니다. 따라서 무조건 말을 많이 한다고 해서 아이의 언어 발달에 도움이 되지는 않지요. 정확하고 짧은 말을 반복적으로 자주 들려주는 것이 좋습니다. 아이가 이해할 수 있는 수준의 말을 자주 해 주세요.

⑤ 몸짓과 표정을 풍부하게 보여 주기

이 시기의 아이들에게는 언어만이 의사소통의 수단이 아닙니다. 아이에게 정확한 의미를 전달하기 위해 말을 할 때 몸짓과 표정을 풍부하게 할 필요가 있습니다. 그러면 아이는 말 자체를 이해하지 못해도 엄마의 몸짓과 표정을 통해 의미를 파악하게 되지요.

Chapter 3

버릇

편식 습관,
어떻게 바로잡을까요?

　몸에 좋은 것만 먹이고 싶은 것이 부모의 심정이지요. 하지만 아이는 돌만 지나도 제 입맛에 맞는 것만 먹으려 하고, 먹기 싫은 음식을 보면 고개를 흔듭니다. 김치는 입에도 안 대고 야채를 보면 울음을 터트리는 아이를 보면 한숨이 절로 나오지요. 편식 습관이 들까 봐 억지로라도 먹여 보지만, 먹기 싫은 것을 억지로 입에 넣어야 하는 아이에게는 이보다 더 큰 고역이 없습니다.

✽ 한두 번 먹지 않는 것은 편식이 아닙니다

큰아이 경모가 이유식을 끊고 밥을 조금씩 먹기 시작할 무렵, 저

희 집 식탁은 언제나 전쟁터였습니다. 경모가 '싫다'는 부정의 표현을 처음 썼던 것도 바로 식탁 앞에서였지요. 이것저것 가리지 않고 잘 먹어 주면 좋으련만 어쩌나 음식을 가리던지, 연신 "안 먹어"를 연신 외치던 경모의 모습이 지금도 생생합니다. 몸에 좋지도 않은 과자를 보면 눈을 반짝반짝 빛내면서 야채만 보면 경기를 하듯 고개를 젓는 경모 때문에 저도 꽤나 속을 끓였지요.

편식이란 먹는 것에 기호가 분명하여 먹는 음식이 편중된 식사를 말합니다. 편식은 영양적으로 불균형을 초래해 아이의 발육이나 영양 상태에 악영향을 미칩니다. 때문에 이제 막 밥을 먹기 시작하는 돌 전후부터 식습관을 바로잡아 줄 필요가 있습니다.

하지만 아이가 어떤 음식을 한두 번 거부한다고 하여 편식이라고 단정 지을 수는 없습니다. 아이가 음식을 거부하는 데에는 여러 가지 이유가 있지요. 그러한 원인을 찾아 해결책을 마련하면 거부하던 음식도 먹게 됩니다. 오히려 몇 번 음식을 거부한다고 아무 대책도 없이 그 음식을 주지 않으면 그것이 곧 편식이 되는 것이지요.

✱ 새로운 것에 대한 거부감을 없애 주세요

편식 습관을 바로잡기 위해 반드시 기억해야 할 것이 있습니다. 목적을 '안 먹는 음식을 먹게 하는' 것이 아니라, '새로운 음식에 대한 거부감을 없애는' 데 두라는 것입니다.

　아이들은 본래 새로운 것에 대한 호기심이 많지만 한편으로는 그 낯설음과 변화에 대한 반발심도 매우 큽니다. 음식에 대해서도 새로운 음식을 보면 거부감을 갖게 마련이지요. 따라서 이유기 때부터 다양한 식품의 맛과 냄새, 질감 등을 느낄 수 있는 이유식을 만들어 주는 게 편식을 막는 가장 좋은 방법입니다. 제가 시판되는 이유식을 선호하지 않는 것은 이 때문입니다. 아이에게 보다 다양한 질감을 느끼게 하기가 상대적으로 어려우니까요.

　또한 이유기가 지나서는 재료의 특징을 그대로 살린 음식을 먹게 되므로 이때에는 조리법을 바꿔 가며 아이의 입맛이 보다 다양해지도록 해야 합니다.

❋ 다른 원인이 있을 수도 있습니다

　아이가 편식을 하는 데에는 그 밖에도 다양한 이유가 있습니다. 아이가 뭔가를 잘 먹지 않으면, '잘 먹는 것을 더 먹인다'라는 태도로 아이를 대하는 엄마가 있습니다. 그러면 아이는 점점 더 익숙한 것만 찾게 되어 새로운 것을 영영 거부할 수도 있습니다.

　신체상의 이유로는 충치가 있거나 몸이 아플 때에도 편식 습관이 나타나지요. 평소에는 그런대로 잘 먹던 아이가 어느 날은 잘 먹지 않으려 든다면 혹시 신체적인 이상이 없는지 살펴볼 필요가 있습니다.

또한 음식과 관련한 불쾌한 기억이 있을 때에도 편식하는 습관이 생길 수 있습니다. 아이가 무서워하는 삼촌이 있는데, 하필 그 삼촌과 같이 밥을 먹었다면 당시 먹은 음식을 거부하기도 하지요. 벌레를 무서워하는 아이는 밥 안에 섞인 콩을 보고 안 먹겠다고 버티기도 하고요.

또한 아무 이유 없이 심하게 음식을 거부한다면 부모의 관심을 끌기 위한 무의식적인 편식일 수도 있습니다. 아이의 편식을 없애기 위해서는 이런 근본적인 원인부터 살펴볼 필요가 있지요.

✳ 아이는 즐겁지 않으면 절대 먹지 않습니다

먹는 문제로 고민하는 부모를 만날 때마다 저는 이렇게 이야기합니다.

"얼마큼 먹느냐보다 어떻게 먹느냐가 더 중요합니다."

편식 습관을 바로잡을 때만큼은 먹는 양에 신경을 곤두세워서는 안 됩니다. 당장 무엇을 얼마만큼 먹는가에 주목하다 보면 어떻게든 하나라도 더 먹이기 위해 아이를 다그치게 되지요. 그러면 아이는 식사 시간 자체를 두려워하게 됩니다.

즐겁고 행복할 때 아이는 싫은 것도 하게 됩니다. 바빠서 얼굴 보기가 힘든 아빠가 어느 날 일찍 들어와 저녁을 함께 먹을 때, "아빠도 이거 좋아하는데, 우리 ○○도 한번 먹어 볼래?" 하면 싫어하던 것도 한 숟가락쯤은 먹게 됩니다. 이때 칭찬을 듬뿍 해 주면 기분이 좋아 한 숟가락 더 먹게 될지도 모르지요.

아이가 음식을 잘 먹지 않는다고 해서 혼내서는 절대 안 됩니다. 아이가 혼나지 않으려고 음식을 꾸역꾸역 먹다 보면, 음식을 먹는 즐거움을 느끼지 못하게 됩니다.

✱ 편식 고치기 노하우

① 가족들 편식 습관부터 고치기

아이는 가족의 식사 모습을 모방합니다. 때문에 가족 중 누군가 식성이 까다롭거나 좋지 못한 식습관을 가지고 있으면 아이의 식습관도 나빠집니다. 다른 가족들도 잘 먹지 않는 것을 아이에게 먹으라고 하고 있지는 않은지 살펴보세요. 만약 그렇다면 가족의 식습관부터 바로잡아야 합니다.

② 절대 억지로 먹이지 않기

아이가 싫어하는 음식은 먹이는 횟수와 양을 서서히 늘리며 아이에게 적응할 시간을 주어야 합니다. 새로운 음식은 한 번에 한 가지만 주어 아이가 잘 먹는지 살펴보고, 아이가 싫어한다면 억지로 먹이기보다는 아이가 특히 좋아하는 음식과 함께 주는 등 먹일 방법을 찾아야 합니다.

③ 엄마가 먼저 먹는 모습을 보여 주기

이 시기의 아이들은 특히 부모가 하는 것을 그대로 따라 하려는 특징을 보이므로 새로운 음식을 아이에게 먹이기 전에, 엄마가 먹으면서 즐거워하는 모습을 보여 주면 거부감을 줄일 수 있습니다.

④ 조리법을 바꿔 보기

아이가 특정 음식을 싫어할 때 그것이 맛 자체 때문인지 냄새나 질감, 혹은 형태 때문인지 잘 살펴보세요. 그에 맞춰 조리법을 바꾸면 예상 밖으로 잘 먹기도 합니다. 음식의 질감에 유독 민감한 아이라면 씹히지 않게 다지거나 튀김, 볶음으로 조리법을 바꿔 보는 것도 좋습니다. 또한 아이들이 좋아하는 캐릭터나 꽃, 나뭇잎 모양으로 음식을 만들어 주거나, 영양에 손실이 가지 않도록 대체 식품을 이용하는 것도 좋은 방법입니다.

버릇처럼

매일 싸워요

아이가 쌈닭처럼 군다며 울상인 엄마가 있었어요. 어디를 가든 기어코 친구를 울리거나, 반대로 맞고 들어오는 통에 늘 불안하다고 하소연을 했지요. 가만히 보면 친구가 쌓기 놀이를 하고 있으면 확 무너트리고는 깔깔대며 웃고, 원하는 것이 눈에 띄면 상대가 누구든 무조건 뺏으려 든다나요. 혼내도 그때뿐인 아이를 어떻게 가르쳐야 할까요?

❋ 지나치게 활발한 것이 싸움으로 보일 수 있습니다

이 시기의 아이가 누군가에게 난폭하게 굴거나 함부로 싸움을 걸 때, 행동 자체를 제재하기 전에 아이가 왜 이런 행동을 하는지를 생각해 봐야 합니다. 두 돌이 되기 전에 아이가 보이는 폭력성에는 의도가 없습니다. 자기 화를 못 이겨 난폭한 행동을 하기도 하고, 때로는 화나는 일이 없는데도 다른 사람에게 함부로 손을 대거나 물건을 부수기도 하지요.

이때 가장 보편적인 이유는 아이가 지나치게 활발해서입니다. 그런 아이를 보면 평소의 행동도 매우 동선이 크고 활발합니다. 걸음을 걸을 때 유달리 여기저기 많이 부딪친다거나, 놀이터에서 정글짐을 오를 때 친구의 손을 그냥 밟는 등 한마디로 조심성이 없어 보이지요.

지나치게 활발한 기질의 아이가 누군가와 다툴 때에는 폭력적이라고 받아들일 것이 아니라 기질상의 문제로 이해해 줘야 합니다. 이런 아이를 엄하게 제재하면 반발심으로 그 기질이 정말 폭력적인 성향으로 발전할 수 있습니다.

* 두 돌 아이에게 타인에 대한 배려를 기대하지 마세요

뇌 발달상 이 시기의 아이들은 남을 생각할 줄 모릅니다. 어른 눈에는 이기적인 아이로 보일 수 있다는 이야기이지요. 아이가 자기 자신 외에 유일하게 신경을 쓰는 대상은 오로지 엄마뿐입니다. 때문에 싸움을 하는 아이를 혼을 내면 아이는 '내가 다른 사람을 괴롭혀서'가 아니라 '엄마를 화나게 해서' 혼이 난다고 생각합니다.

두 돌 아이가 다른 사람을 생각하고 배려해서 사이좋게 지내길 바라는 것은 부모의 욕심입니다. 남과 어울리는 재미를 알고 남의 입장에서 생각하게 되는 것은 적어도 36개월 이후에나 가능한 일이지요. 그렇기 때문에 이 시기에는 친구가 재미있게 쌓고 있는 블록을 발로 차 버리고도 웃을 수 있는 것입니다.

또한 감정을 표현하고 다스리는 방법이 극히 원초적이기 때문에 즐겁고 유쾌한 기분이 들 때에도 다른 사람을 공격할 수 있습니다. 분노나 욕구 불만이 없어도 남에게 해를 끼칠 수 있다는 말이지요.

✽ 원하는 것이 무엇인지를 잘 살펴보세요

아이가 뭔가를 절실히 원하면 그 마음이 공격적인 행동으로 나타날 수 있습니다. 예컨대 아이는 자기가 너무 갖고 싶어 하는 장난감을 친구가 가지고 있으면 그 욕구를 억누르지 못하고 억지로라도 빼앗으려고 하지요. 하지만 이 역시 아이가 상대방에게 적의가 있어서 그런 것이 아니므로 걱정할 필요는 없습니다. 다만 그 행동으로 인해 친구와 어울리는 것이 힘들 것 같으면, 상황이 더 진행되지 않도록 막아 줄 필요는 있지요. 또한 평소에 아이에게 불만이나 부족한 부분이 있는지 늘 살펴봐야 합니다.

더불어 이런 기질의 아이는 쉽게 흥분하므로 아이의 불안 심리를 자극할 만한 환경은 제거해 주기를 바랍니다. 아이보다 더 활발한 기질을 가진 친구를 곁에 두거나, 놀이동산처럼 시끄럽고 볼 것 많은 장소에 아이를 데려가는 것은 그런 기질을 더욱 부추기는 결과를 초래합니다.

아이에게 화를 내거나 행동 자체를 너무 억압하지 마세요. 야단을 쳐서 나아지는 시기가 아니므로 아이의 기질이 부정적으로 확장되지 않도록 잘 달래 주는 것이 좋습니다. 또 싸움을 일으키지 않을 만한 다른 놀이를 통해 아이의 마음을 가라앉혀 주도록 하세요.

✱ 형제끼리 잘 싸운다면

두 돌이 지나면 아이들은 자기 것에 대한 소유 의식이 강해집니다. 때문에 한집에 사는 형제끼리 자주 싸우게 되지요. 특히 2~5세 때 많이 싸우는데, 이는 아이들이 발달 단계에 따라 잘 크고 있다는 증거이니 너무 걱정하지 않아도 됩니다. 아이들이 조금 더 커서 유치원이나 학교에 들어가 친구가 생기면, 자연스럽게 형제끼리 부딪치는 일도 줄어듭니다.

형제가 싸울 때는 부모가 중재를 잘해 주어야 합니다. "형이니까

참아라", "형한테 대들면 안 되지"라는 훈계는 좋지 않습니다. 아이들이 싸울 때는 일단 싸움을 멈추게 하고, 잘잘못을 가리는 것은 아이의 감정이 가라앉았을 때 해야 합니다. 이때는 공정심을 잃지 말고, 어느 한쪽의 편을 들지 않도록 주의해야 합니다.

✱ 친구와 잘 싸운다면

친구와 싸우는 아이는 욕구 불만이 있거나 자기중심적인 성향이 강한 경우가 많습니다. 아이가 주로 혼자 놀았거나 부모가 주관 없이 아이를 방치했을 경우, 아이는 어떤 상황에서도 제 뜻대로만 하려고 합니다. 그로 인해 친구들과 계속 싸우게 되지요. 친구들이 자기를 싫어한다는 것을 알면, 좌절감에 빠져 점점 더 심술을 부리게 되고요.

이런 아이는 다 자라서도 이기적이고 괴팍한 아이가 되기 쉽습니다. 이 경우 억지로 친구와 어울리게 하기보다는 엄마 아빠 곁에서 감정을 조절하는 법부터 터득하게 할 필요가 있습니다.

아이가 장난감을 혼자만 쓰려고 하는 등 이기적인 행동을 하면 혼내지 말고 일단은 무시하는 것이 좋습니다. 이때 함부로 야단치거나 통제하면 좌절감만 더 안겨 줄 수 있습니다. 반대로 친구에게 양보하고 친구와 나눠 쓰면 칭찬을 해 주세요. 좋은 점은 칭찬받지 못하고 나쁜 점만 야단맞게 되면, 아이는 긍정적인 자아상을 만들어 갈 수 없게 됩니다.

ADHD가 의심되는 공격성 Tip

ADHD(주의력결핍 과잉행동장애)를 앓는 아이에게 자주 보이는 것이 손을 마구 휘두르거나 주변에 신경을 쓰지 못해 나타나는 우발적인 공격 행동입니다. 원하는 것과 상관없이 눈앞에 무엇이 있으면 두드리거나 부수고 싶은 생각에 손이 먼저 나가는 경우가 많습니다.

이는 기질이 아니라 뇌 기능상의 문제이기 때문에 단순히 말로 타이르거나 환경을 조절해 준다고 나아지지 않습니다. 이런 경우에는 약물 치료 등 전문적인 도움이 필요하므로 정확한 진단을 받아야 합니다.

친구들과
노는 걸 싫어해요

"우리 아이는 왜 친구들이 다가오면 도망가고 피하는 걸까요? 처음엔 낯설어 그러려니 했는데, 벌써 몇 달째 문화센터에 다니는 데도 친구들과 함께 노는 걸 싫어하고 경계하네요. 혹시 발달에 무슨 문제가 있는 것이 아닐까요?"

친구와 어울려 놀지 못하는 아이를 보면 부모는 혹시 아이에게 사회성이나 언어 발달 등에 문제가 있는 건 아닐까 하고 걱정을 하게 되지요. 하지만 아이가 하루아침에 친구와 어울리게 되는 것은 아니랍니다. 아이가 친구를 경계한다는 것은 그 자체로 다른 사람과 어울리는 첫걸음을 내디딘 것을 의미합니다. 그러니 걱정 말고 차근차근 도와주세요.

✱ 아직은 친구보다 부모와의 관계가 더 중요합니다

진료실을 찾는 아이들을 볼 때마다 제가 느끼는 것은 아이의 문제는 대개 부모가 만든다는 점입니다. 부모의 조급증과 과도한 불안이 별 탈 없이 잘 자라고 있는 아이를 하루아침에 문제아로 만들곤 하지요.

아이가 친구를 사귀는 문제도 그렇습니다. 생후 12~24개월의 아이에게 친구라는 존재는 아직 큰 의미가 없습니다. 활동하는 영역이 부쩍 넓어지기는 하지만, 그래도 여전히 아이에게는 엄마가 가장 중요합니다. 그래서 또래 친구를 봐도 그다지 흥미를 느끼지 못하지요. 함께 어울려 노는 듯하다가도 어느새 엄마 옆에 와 있기 일쑤이고, 재미있는 물건이 앞에 있으면 옆에 친구가 있어도 아랑곳하지 않고 혼자 가지고 노는 것이 특징입니다. 즉 친구와 어울려 노는 것이 재미있음을 알지 못하는 것이지요.

이 시기의 사회성 발달이란 나와 비슷한 또래가 있다는 것을 아는 정도입니다. 아이가 이 시기를 거쳐 친구들과 잘 어울려 놀기를 바란다면, 아이를 친구 앞에 세울 것이 아니라 사랑을 더욱 적극적으로 전하세요. 아이와 엄마의 애착 관계가 잘 형성되어야 친구들과 잘 어울려 노는 능력도 생깁니다. 이는 마치 나무를 심기에 앞서 땅을 비옥하게 만드는 것과 같은 이치입니다. 사랑을 받아 본 사람이 베풀 줄도 안다고, 부모로부터 사랑을 충분히 받은 아이는 친구에게도 그 사랑을 베풀 줄 알고 시키지 않아도 더불어 살 줄 알지요.

이때 중요한 것은 감정을 전할 때의 일관성입니다. 양육자는 아이를 키우면서 엄청난 육아 스트레스에 시달립니다. 그래서 항상 좋은 마음으로 아이를 대하는 것이 어렵지요. 하지만 엄마가 어떤 때는 아이를 예쁘다고 안아 주고 어떤 때는 무관심하다면 아이는 안정된 정서를 형성해 나갈 수 없습니다. 아이가 만난 첫 번째 사람이 부모라는 점을 생각하세요. 아이가 이 첫 번째 사람과의 관계에서 긍정적인 경험을 해야 다른 사람과도 긍정적인 관계를 맺게 됩니다.

✳ 또래와 만나는 걸 서두르지 마세요

또래와 만나는 기회를 만들 때에는 서두르지 말고, 아이에게 익숙한 환경에서 시작해야 합니다. 집으로 또래 아이를 데려오거나 자주 보는 이웃과 교류를 가지면서 다른 사람을 만나는 것에 천천히 익숙해지도록 해 주세요.

또한 이 시기의 아이는 '나'에 대한 의식은 강해도 '너', '우리'라는 개념은 아직 인지하지 못합니다. 그래서 친구와 잘 놀다가도 서로 장난감을 갖겠다고 싸우기도 하고 울음을 터트리기도 합니다. 이때 부모가 나서서 야단을 치거나 섣불리 중재하는 것은 좋지 않습니다. 자연스러운 현상이니 지켜보되, 아이가 상처받거나 겁을 먹지 않도록 잘 달래고 위로해 주세요.

이 시기에 친구 사이에서 지켜야 할 도리를 아이에게 가르치는 것은 큰 의미가 없습니다. 다만 부모가 할 수 있는 것은 아이가 무의식중에라도 보고 배울 수 있도록 일상생활에서 모범을 보이는 것이지요. 아이에게 "미안해", "고마워"라는 말을 자주 하면서, 다른 사람에게 반갑게 인사하는 모습을 많이 보여 주기 바랍니다.

돌 지난 아이들끼리 노는 모습 Tip

이 시기의 아이는 친구들과 함께 놀 수 있다는 사실은 압니다. 하지만 아이들끼리 함께 놀게 해도 협력해서 노는 경우는 매우 드뭅니다. 한 아이가 옆에서 자동차를 갖고 놀면 다른 아이는 인형을 안고 노는 식이지요. 만일 놀이를 함께 한다 하더라도 어울려 노는 재미를 안다기보다, 단지 재미있는 것이 같은 경우가 대부분입니다.

그렇지만 앞으로 친구를 사귀는 일이 발달 과제가 될 것이므로 친구를 접할 기회를 자주 제공하는 게 좋습니다. 단 아이가 두려워하면 억지로 아이들 사이에 두지 말고, 엄마와의 관계에 더 신경을 써야 합니다.

모든 일을
우는 것으로
해결해요

아이가 우는 것은 당연합니다. 태어나 울음으로 첫 의사를 밝힌 아이는 자라는 내내 울어 대지요. 넘어져도 울고, 배가 고파도 울고, 야단을 쳐도 울고, 장난감이 있던 자리만 바뀌어도 울고, 심지어 엄마가 얼굴을 찡그리기만 해도 웁니다. 아이가 울 때마다 신경을 곤두세운다면 엄마가 먼저 지칠 겁니다. 아이가 울면 우선 잘 달래서 그치게 한 다음 원인을 찾아봐야 합니다.

✱ '넌 그냥 울어라'는 금물!

돌이 지났는데도 매일 울면서 매달리는 아이를 대하고 있으면 자포자기하는 심정이 들게 마련이지요. 하지만 눈물을 펑펑 쏟고 있는 아이를 앞에 두고 '넌 그냥 울어라' 하고 방관해서는 안 됩니다. 이는 아이가 하는 말에 귀를 막고 있는 것과 같습니다. 돌 이후에도 여전히 아이의 울음은 의사 표현의 수단이기 때문이지요.

또한 이 시기의 아이는 특히 엄마의 무관심이나 외면에 민감하기 때문에, 엄마의 무관심한 모습은 아이의 불안을 가중시키는 결과를 초래합니다.

✱ 울음의 유형에 따라 대처법도 다릅니다

돌이 지난 아이는 자기가 무엇을 하고 싶거나 갖고 싶을 때 울음으로 해결된 경험이 있을 경우, 무엇을 원할 때마다 계속해서 우는 방법을 택합니다. 또 제멋대로 하고 싶지만 자신이 없거나 어른에게 기대고 싶은 마음을 울음으로 표현하기도 하며, 의사 표현이 제대로 안 되는 것에 스스로 화가 나서 울음을 터트리기도 하지요.

만일 위험하거나 남에게 해가 되는 요구를 들어 달라고 떼를 쓰며 운다면 일단 '안 된다'는 경고를 하세요. 그래도 울면 아이의 시야를 벗어나지 않는 범위 내에서 한 걸음 떨어져 가만히 지켜보세요. 울어도 안 된다는 것을 알게 되면 아이 스스로 방법을 바꾸게 됩니다.

무언가를 하고 싶은데 제 뜻대로 안 됐을 때에도 아이는 웁니다. 예를 들어 아이는 제 몸보다 약간 더 높은 곳을 오르고 싶은데 의지대로 몸을 올리지 못할 때 울음을 터트립니다. 이 시기의 아이에게는 제 뜻을 펼치며 자유를 만끽하는 것도 발달상 중요한 경험이 됩니다. 따라서 아이가 뭔가를 하고 싶어 울음을 터트리면 무조건 혼내고 말리기보다 아이가 그것을 스스로 해 볼 수 있도록 도와주세요.

이유 없이 다가와 칭얼거린다면 그것은 엄마에게 의지하고 싶다는 마음의 표현입니다. 아이가 엄마와의 따뜻한 교감을 원하는 것이지요. 아이가 활동량이 많아 양육자의 고충이 큰 시기이지만, 한 번 더 인내하고 따뜻한 대화, 눈 맞춤, 포옹 등으로 아이 마음을 편안하게 해 주세요.

이 시기의 아이는 감정에 대한 표현력이 미숙합니다. 따라서 운다고 혼내지 말고 어떤 말이 하고 싶은지, 원하는 것이 무엇인지 차근차근 물어보세요. 굳이 말이 아니어도 아이가 손짓이나 표정 등으로 의사 표현을 할 수 있도록 도와주어야 합니다. 이런 경험이 반복되면 아이는 어느새 울음 대신 말로 자신의 의사를 표현할 수 있게 됩니다.

Chapter 4

자의식

남의 물건도
"내 거야"라며
우겨요

남의 물건을 자기 것이라고 우겨 대며 싸우는 아이의 모습은 키즈카페나 어린이집에서 아주 흔히 볼 수 있는 일입니다. 집에서도 사정은 마찬가지이지요. 또래 아이가 놀러 와서 장난감을 가지고 놀면 제 것이든 아니든 역시나 "내 거야"를 외치며 뺏으려 합니다.

자기 물건에 대해서만 그러는 것이 아니고 남의 물건까지 제 것이라고 우겨 대는 아이를 보면, 어떻게 해 줘야 할지 난처합니다.

❀ 자의식 발달로 소유욕이 생기는 시기

아이들은 생후 15~30개월까지 걸음마 시기를 보내면서 자의식이 발달합니다. 엄마와 다른 내가 있다는 것, 엄마의 뜻과 다르게 행동할 수 있다는 것을 알게 되어 이때부터 엄마에게 의존하지 않고 뭐든 스스로 하려고 합니다. 물건을 탐색하는 능력이나 조작하는 능력이 발달하는 것도 바로 이 시기입니다.

또한 물건에 대한 소유욕도 생깁니다. 그래서 아이들끼리 장난감을 두고 싸우게 됩니다. 키즈카페 장난감을 슬쩍 가져오는 일도 있습니다. 물건에 대한 소유욕은 생기기 시작했으나, 남의 물건은 가져오면 안 된다는 것과 내 물건을 나누어 쓸 수 있다는 것을 아직 모르기 때문이지요.

이럴 경우 아이에게 도벽이 생긴 것은 아닐까, 애정 결핍 때문에 그런 행동을 하는 것은 아닐까 걱정하는 부모가 많지만 크게 우려하지 않아도 됩니다. 정상적인 발달 과정에서 나타나는 행동이니까요. 나와 엄마에게만 머물렀던 관심이 친구와 그 친구 물건에까지 미쳐서 그런 행동을 하게 되는 것입니다.

✳ 꾸짖지 않아도 문제, 심하게 꾸짖어도 문제

"내 거야" 하며 친구의 장난감을 뺏는 정도는 애교로 봐줄 수 있지만, 남의 물건을 몰래 가져오는 것만큼은 혼을 내서라도 고쳐 주고 싶다고 부모들은 말합니다. 이를 도벽으로 생각하기 때문입니다. 하지만 이 시기에 아이들이 남의 물건을 가져오는 것을 도벽이라고 할 수는 없습니다.

만약 남의 물건을 가져오는 습관이 도벽으로 발전한다면 그 이유는 가정 환경이나 부모의 양육 태도 때문입니다. 습관적으로 남의 물건에 손을 대는 아이들은 대부분 정서적으로 문제가 있습니다. 부모에 대한 애정 결핍으로 물건을 훔쳐 대리 만족을 느끼는 경우가 가장 일반적입니다. 부모의 관심을 끌고자 또는 반항 심리의 한 표현으로 물건을 훔치기도 하지요.

아이가 친구의 물건을 빼앗거나 몰래 가져왔을 때 부모가 보이는 반응도 손버릇에 영향을 미칩니다. 이때 꾸짖지 않고 그냥 넘어가거나 반대로 너무 심하게 꾸짖는다면 도벽이 생길 가능성이 높습니다. 남의 물건을 가지고 오는 것이 나쁜 행동이라는 사실을 인지하지 못하는 아이를 너무 심하게 혼내면 안 됩니다. 잘못하면 아이를 위축시키고 자존감을 잃게 하여, 결과적으로 소극적인 아이로 자라게 만들 수 있습니다.

✽ 단호한 어조로 따끔하게 이야기하세요

그렇다고 남의 물건을 가지고 오는 아이를 그냥 놔둘 수는 없는 일입니다. 먼저 다른 사람의 허락 없이 물건을 가져오는 것은 나쁜 행동이라고 알려 주어야 합니다. 화를 내는 대신 단호한 어조로 따끔하게 이야기해 주세요.

하지만 부모에게 설명을 들어도 아이는 또다시 남의 물건을 가져올 수 있습니다. 아직 논리적인 사고 체계가 서 있지 않기 때문이지요. 이때도 역시 처음과 같은 방식으로 혼을 내야 합니다. 아이의 행동에 대해 부모가 어떨 때는 혼내고 어떨 때는 그냥 지나치면, 그 행동이 나쁘다는 것을 아이는 깨닫지 못합니다. 따라서 잘못에 대해 부모가 일관된 태도를 보여야 합니다.

"싫어"라는 말을
입에 달고 살아요

이 시기 아이들은 세상에서 아는 단어가 '싫어'라는 한마디뿐인 것처럼 "싫어"를 연발합니다. '이래도 싫다, 저래도 싫다'고 반항하는 아이에게 화를 낼 수도 없고, '싫어'라는 말을 곧이곧대로 믿고 놔두면 또 울면서 난리를 치니 부모 속이 속이 아니지요. 꼬마 반항아 때문에 부모들은 하루 종일 이러지도 저러지도 못하고 쩔쩔매기 일쑤입니다. 대체 어찌 된 일일까요?

✽ '싫어'라는 말은 엄마로부터의 독립 선언

아이가 '싫어'라는 말을 하기 시작했다면 이제 더 이상 어제의 아이가 아닙니다. 엄마에게 의존하던 상황을 벗어나 스스로 뭔가를 하기 시작한 것이니까요. '싫어'라는 말은 부모로부터의 '독립 선언'이라고도 할 수 있습니다. 더 이상 아기처럼 부모가 시키는 대로 하지 않겠다는 의지의 표현이지요.

진료를 하다 보면 이제 막 반항기에 들어선 아이를 자주 만나게 됩니다. 우리나라에서는 '미운 세 살', 미국에서는 '끔찍한 두 살(Terrible Two)'이라고 불리는 아이들이지요. 이 시기의 아이를 키우는 부모들은 하나같이 이렇게 이야기합니다.

"아이 키우는 게 너무 힘들어요."

전에는 아이가 재롱부리며 엄마 아빠 말을 잘 따라 더할 수 없이 예뻤는데, 이제는 재롱은커녕 말끝마다 "싫어", "아니야"를 연발하니 화가 나기도 한다고요.

그런데 그런 아이를 바라보는 제 마음은 흐뭇하기 그지없습니다. 누가 뭐라고 하지 않아도 자기 발달 단계를 차곡차곡 밟아 가는 아이들이 신기할 따름이지요. 저도 경모와 정모를 키우며 힘든 시간을 보냈으면서 말입니다. 그래서 힘들어 하는 부모들에게 이렇게 이야기해 주곤 합니다.

"지금 아이는 자기 발달 단계를 잘 밟아 가고 있습니다. 자아 형성을 위해 한창 뭐든지 쑤셔 보고, 아무것도 아닌 일 가지고 우길 때입니다. 그렇게 해야 아이가 다음 발달 단계로 나아갈 수 있어요. '나 죽었다' 하고 다 받아 줄 수밖에 없습니다."

보통 돌을 넘긴 아이들은 자기 혼자 걷고, 마음대로 뛰어다닐 수 있게 됩니다. 이제는 부모의 도움이 없어도 스스로 원하는 곳으로 가서 하고 싶은 일을 할 수 있는 능력이 생긴 것입니다.

또한 활동 영역이 넓어지면서 다양한 사물에 흥미를 가지게 되는데, 전에는 손이나 감각으로 사물을 이해하고 느낌을 표현했지만 이제는 머리로 생각하고 의사 표현도 할 수 있게 됩니다. 이는 가히 혁명이라고 할 만한 변화입니다.

이러한 운동 능력과 사고 체계의 발달은 곧 자기주장으로 이어집니다. 무엇이든 혼자 하고 싶어 하고, 어른이 도와주면 싫어하며, 요구가 통하지 않는다고 심하게 화를 내고 떼를 쓰기도 하지요. 세수를 시키려고 해도 혼자서 하겠다고 엄마 손을 뿌리치고, 숟가락을 잘 잡지도 못하면서 한사코 혼자 밥을 먹겠다며 고집을 부립니다. 행여 엎지를까 봐 엄마가 잡아 주려고 하면 막무가내로 혼자서 한다고 우겨 대지요.

✱ 변덕이 죽 끓듯 하는 아이들

아이들이 엄마로부터 독립을 시작했다고 해서 그 과정이 순탄한 것은 아닙니다. 엄마와 분리되어 무엇이든 혼자 하려고 하다가도 어느 날은 엄마 옆에 찰싹 달라붙어 떨어지지 않으려 합니다. 어린이집에 잘 가다가 갑자기 안 가겠다고 떼를 쓰고, 엄마 앞에서 까불까불 재롱을 부리다 어느 순간 엄마를 때리는 등 종잡을 수 없는 행동을 보입니다.

이것은 엄마와 한몸이 아니라는 것에 대한 불안과, 자의식이 발달하면서 엄마로부터 독립은 해야겠는데 그것이 뜻대로 안 되는 것에 대한 분노의 표현으로 볼 수 있습니다. 엄마에게 붙어 있을 수도 없고 완전히 떨어질 수도 없는 어정쩡한 상황이 분노를 일으키는 것이지요. 이때는 아이에게 '네가 어떻게 하더라도 엄마는 네 옆에 있을 거야' 하는 믿음을 주는 게 중요합니다.

이 시기의 아이를 키우는 것은 무척 힘듭니다. 그러나 아이는 더 힘들다는 것을 명심하세요. 하고 싶은 것은 많은데 뜻대로 안 되고, 의사 표현도 잘 안 돼 아이는 속이 답답합니다. 그러니 어쩌겠습니까. 아이보다 훨씬 성숙한 어른이 감싸 주고 받아 줄 수밖에요.

✱ 자율성과 독립성을 키워 주세요

이때부터는 부모의 양육 태도도 이전과는 달라져야 합니다. 지금까지는 아이를 보호하는 데 주력했다면, 앞으로는 자율성과 독립성을 길러 주기 위해 노력해야 합니다. 이 시기 아이들은 제멋대로 하려는 성향이 강해 부모가 간섭도 많이 하게 됩니다. 하지만 가능하면 아이 행동을 제지하지 않는 게 좋습니다. 대신 아이의 도전이 성공할 수 있도록 소리 없이 도와주고, 성공했을 때는 아낌없이 칭찬하고 보상해 주세요.

만약 아이가 실수를 했다고 야단친다거나, 고집만 부린다며 윽박지른다거나, 부모가 해 주는 대로 가만히 있으라는 식의 태도를 보이면 아이는 수치심을 느낄 뿐만 아니라 어떤 일을 스스로 해 보려는 의지 자체를 상실하게 됩니다. 또한 부모를 골탕 먹이는 행동도 하게 됩니다. 예를 들어 엄마가 야단을 치면 음식을 쏟아 버리는 등 일부러 얄미운 행동을 하는 것이지요. 이것은 이제 아이가 자신이 타인에게 영향을 줄 수 있다는 것을 알기에 가능한 일입니다.

아이의 행동에 대해 비꼬는 투로 이야기하는 것도 피해야 합니다. 아이가 엄마가 먹여 주겠다는데도 싫다며 혼자 먹으려 하다가 밥을 엎었다고 해 봅시다. 이때 "그럴 줄 알았어. 그러니까 엄마가 해 준다고 했잖아" 하고 이야기하는 것은 최악입니다. 이런 식으로 아이의 독립 욕구에 대해 부정적인 반응을 보이면 아이는 자아 형성을 다음으로 미루게 됩니다.

❋ 24개월, 아이 반항의 절정기

"싫어", "아니야"로 시작된 아이의 반항 행동은 24개월 즈음에 절정을 이룹니다. 24개월에 가까워지면 아이는 성인에게서 볼 수 있는 정서를 거의 모두 표현할 수 있게 됩니다. 그 결과 뚜렷한 자의식이 생겨서 반항도 더 심해지는 것이지요. '미운 세 살'이 언제 끝나나 싶어도 지나가면 또 금방입니다. 아이의 반항을 지능 발달과 다양한 정서의 분화 과정으로 여기면 아이와의 힘겨루기에서도 여유를 가질 수 있을 것입니다.

공공장소에만 가면
떼쟁이가 돼요

공공장소에 가면 떼쓰는 아이 때문에 화가 솟구칠 때가 있습니다. 장난감이나 먹을거리, 볼거리가 많은 쇼핑센터에 가면 바닥에 누워 떼를 부리기도 합니다. 이럴 경우 사람들은 쳐다보지, 아이는 고래고래 소리 지르며 울지, 어떻게 대처해야 할지 몰라 당황하게 됩니다. 아이들은 왜 이렇게 떼를 쓰는 것일까요? 또 이를 어떻게 바로잡고 지도해야 할까요?

✱ 부모의 미숙한 대처 방식으로 인해 계속되는 떼쓰기

떼쓰기 역시 자아 형성 과정에서 나오는 자연스러운 현상입니다. 아직 말로 자신의 생각을 조리 있게 표현하지 못하기 때문에, 하고 싶은 것을 부모가 막으면 떼를 쓰는 것으로 대신 표현하는 것이지요. 아이가 어느 정도 떼를 쓰는 것은 자연스러운 현상이지만 감당하기 힘들 정도로 떼를 쓴다면 바로잡아 주어야 합니다.

대부분의 부모들은 떼쓰는 아이를 보면서 고집이 세다거나 까다롭다고 이야기합니다. 또한 너무 고집이 세서 원하는 것을 들어주지 않으면 절대 떼쓰기를 멈추지 않는다며 아이의 요구를 들어줄 수밖에 없다고 하지요. 물론 고집 세고 까다로운 아이들이 떼를 심하게 쓰는 것이 사실입니다. 하지만 아이가 떼를 쓸 수밖에 없게 만들고 그 떼의 강도를 높이는 것은 부모의 잘못된 태도입니다.

아이와 함께 쇼핑센터에 갔습니다. 아이가 장난감 코너 앞에서 인형 하나를 잡고 사 달라며 놓지를 않습니다. "다음에 사 줄게", "이러면 다시는 쇼핑하러 안 온다", "엄마 먼저 갈 테니까 알아서 해" 등등 온갖 회유와 협박에도 아이는 꼼짝하지 않습니다. 결국 엄마가 지고 맙니다.

"오늘만 사 주고 절대 안 사 준다. 다음부터는 사 달라고 떼쓰면 진짜 혼나."

인형을 손에 쥔 아이의 귀에는 이 말이 들어오지 않습니다. 그리고 같은 상황이 되었을 때 또 떼로 해결하려 들지요. 이미 떼를 썼을 때 '안 돼'가 '돼'로 바뀌는 경험을 했기 때문입니다.

아이가 떼를 쓸 때는 들어줄 만한 것이면 바로 들어주고, 절대 안 되는 일이면 하늘이 두 쪽 나도 들어주지 않는 결단력 있는 부모의 태도가 필요합니다. 그래야 아이도 자신이 원하는 것을 쟁취하기 위해 목이 터져라 울 필요가 없고, 부모도 그런 아이를 달래느라 기운 빼지 않아도 되지요.

✸ 창피함은 순간이고 그 효과는 오래갑니다

공공장소에서 아이의 떼가 심해지는 것 역시 아이가 이미 공공장소에서는 부모가 자기를 엄하게 대하지 못하고, 웬만하면 자신의 요구를 들어준 경험을 기억하고 있기 때문입니다.

쇼핑센터에 갈 때나 대중교통을 이용할 때 만약의 사태를 대비해 사탕이나 과자를 준비하는 엄마가 많습니다. 집에서는 잘 주지 않지만 아이가 떼쓸 때 '당근'으로 사용하기 위해서지요.

이처럼 아이를 데리고 공공장소에 갈 때 엄마들의 마음은 이미 약해져 있습니다. 이런 상태에서 아이가 떼를 쓰면 다른 사람 보기에 창피해서 어쩔 수 없이 아이의 요구를 들어주게 됩니다. 집에 돌아와 아이에게 떼쓰는 것은 옳은 행동이 아니라고 아무리 이야기해도 아이에게는 '쇠귀에 경 읽기'일 뿐입니다. 이미 상황은 끝났고 아이는 자신이 원하는 것을 쟁취했기 때문이지요.

이때는 한 번쯤 무안을 당할 각오를 하고 아이에게 단호한 모습을 보이는 것이 좋습니다. "무식하게 애를 저렇게 다루네", "웬만하면 하나 사 주지 애를 울리네" 이런 이야기가 들려도 무시하며 아이의 떼에 절대 넘어가지 않는 모습을 보여야 합니다. 이때 제가 엄마들에게 하는 말이 있습니다.

"창피함은 순간이고 그 효과는 오래갑니다."

부모가 공공장소에서 떼쓰는 아이 행동에 단호한 모습을 보이면 아이는 떼쓰는 것으로 문제를 해결하려 하지 않게 됩니다.

✱ 무시하기, 칭찬과 병행할 때 효과적

아이의 문제 행동에 대한 훈육법 가운데 하나로 '소멸 원리'가 있습니다. 아이가 옳지 않은 행동을 할 때 관심을 보이지 않으면 그 행동이 저절로 소멸된다는 것이지요. 예를 들어 밥을 안 먹고 숟가락을 가지고 장난만 하는 아이에게는 밥을 먹으라고 권하는 것보다 "밥 다 먹었으니 치운다" 하고 밥상을 깨끗이 치우는 것이 더 효과적입니다. 그러면 밥상 앞에서 뭉그적거리는 아이의 버릇이 사라지지요.

떼를 쓸 때도 마찬가지입니다. 부모가 아무리 이야기하고 달래도 떼쓰기를 멈추지 않을 때는 아이의 행동을 무시하고 멀찌감치 떨어져서 아이의 행동을 지켜보는 것이 효과적입니다. 사람이 많이 다니는 곳이어서 아이의 행동이 다른 사람에게 방해가 된다면, 아이를 사람이 없는 한적한 곳으로 데리고 가는 것이 좋습니다. 그리고 여전히 무시하는 태도를 취하는 것이지요.

결국 아이는 스스로 분을 가라앉히고 부모에게 오게 됩니다. 그러면 아이의 잘못을 지적해 주고 떼쓰느라 지쳤을 아이의 몸과 마음을 위로해 주세요. 떼쓰기뿐 아니라 아이의 잘못된 행동을 고칠 때도 무시하기 방법은 효과적입니다. 잘못된 행동에 대해 부모가 무관심한 태도를 보이면 아이는 그 행동이 자신을 표현하는 데 아무 도움이 되지 않는다는 것을 알고 포기합니다.

무시하기와 병행해야 하는 것이 칭찬입니다. 잘못된 행동은 무시하되, 바른 행동을 했을 때는 칭찬을 해 줘야 행동을 고칠 수 있습니다. 아이가 떼를 쓸 때 야단을 치는 것보다 떼를 쓰지 않을 때 칭찬을 해 주는 것이 중요합니다. 아이가 착한 행동을 하면 즉시 칭찬을 해 주고 안아 주세요. 칭찬은 고래도 춤추게 하고, 아이의 잘못된 행동도 그치게 합니다.

✿ 떼쓰는 아이를 변화시키는 다섯 가지 방법

① 위험하지 않은 요구는 적당히 들어주기

부모의 잦은 "안 돼"는 아이의 의욕을 무너트리고 아이를 떼쟁이로 만듭니다. 단, 절대로 안 되는 일에 떼를 쓰면 처음에는 부드럽게 타이르고 계속 떼를 쓰면 단호하게 안 된다는 것을 표현해야 합니다.

② 자리를 피해 버리기

떼를 쓰는 것이 지나쳐 뒹굴거나 물건을 던지면 위험한 물건을 치우고 일단은 지켜보세요. 그래도 계속 떼를 쓰면 아이를 안고 그 자리를 아주 피해 버리는 게 좋습니다.

③ 침착하게 타이르기

아이가 마음을 가라앉히면 아이를 안아 주고 잘못에 대해 인정하도록 침착하게 타이릅니다.

④ 그 순간을 모면하기 위해 보상하지 않기

떼를 쓸 때 관심을 돌리기 위해 장난감을 사 준다고 약속하는 것은 절대 안 됩니다. 아이가 떼쓰는 일을 횡재하는 일이라고 생각할 수 있습니다.

⑤ 형제나 다른 아이와 비교하지 않기

비교는 아이로 하여금 엄마에 대한 믿음을 잃게 합니다. 뿐만 아니라 자존심에 금이 가 자존감이 낮은 아이로 자라게 만듭니다.

우리 아이,
혹시 자폐 스펙트럼

장애가 아닐까요?

부모들은 아이가 조금만 이상한 행동을 보여도 자폐 스펙트럼 장애를 의심합니다. 언론 매체에 소개된 자폐 스펙트럼 장애에 관한 이야기를 보고 있자면 부모들로서는 자폐 스펙트럼 장애가 무척 두렵게 느껴질 것입니다. 현대 과학으로도 아직 그 원인이 밝혀지지 않았습니다만, 조기에 발견할수록, 부모가 정성을 기울일수록 치료 효과가 높은 것이 자폐 스펙트럼 장애입니다.

✱ 자폐 스펙트럼 장애란

자폐 스펙트럼 장애(Autism spectrum disorder)란 언어와 의사

소통, 사회화 및 행동 영역에 걸친 발달상의 장애를 말합니다. 어떤 것에 심하게 집착하거나 반복 행동과 습관이 있으면서 언어 발달상에 문제가 있고, 사회성도 떨어지는 증상을 보이지요. 자폐아의 비정상적인 행동은 아이가 사람들과 의사소통을 못해 나타나는 갈등의 결과라고 할 수 있어요. 따라서 자폐아를 치료하기 위해서는 의사소통과 언어 습득을 위한 여러 가지 노력이 필요합니다.

자폐 스펙트럼 장애는 여자보다 남자에게 다섯 배나 더 많이 발생하며, 뇌 발달의 문제가 주된 원인입니다. 또한 임신기에서부터 생후 30개월 이전의 세균 감염도 그 한 원인으로 지목되기도 합니다. 뇌의 특정 부분에 손상을 입으면 자폐 스펙트럼 장애를 일으키는 게 아니라 어느 부분이든 손상이 생기면 자폐 스펙트럼 장애를 일으킬 수 있습니다.

＊ 자폐아에게 반드시 나타나는 세 가지 증상

① 눈 맞춤을 하지 못함

자폐아들은 눈을 잘 마주치지 못합니다. 정상적인 아이는 생후 3개월이 되면 눈을 맞추기 시작합니다. 그러나 자폐아는 부모가 의도적으로 눈을 맞추려고 해도 앞에 사람이 존재하지 않는 것처럼 눈을 맞추지 못하고 허공을 응시하는 경우가 많습니다.

정상적인 아이는 엄마를 알아보기 시작하면서 누워 있기보다는 안겨 있기를 더 좋아하고, 안아 달라고 팔을 내뻗거나 안아 주었을 때 좋아서 소리를 내기도 합니다. 그러나 자폐아는 안아 줬을 때 품에 포근히 안기지 않고, 업어 줘도 매달리지 않은 채 늘어집니다. 오히려 신체적인 접촉을 피하기도 하지요. 이와 더불어 자폐아들은 낯가림이나 엄마와 떨어졌을 때 나타나는 분리 불안을 보이지 않습니다.

이러한 무반응적인 행동과 엄마를 찾지 않고 혼자 잘 있는 것을 보고 아이가 순하다고 오해하기가 쉽기 때문에 세심한 관찰이 필요합니다. 한 가지 덧붙이자면, 또래 아이들에게 관심을 갖기 시작할 시기에도 자폐아는 다른 아이에게 전혀 관심을 보이지 않고 혼자 있으려고 하는 특징을 보입니다.

② 말이 늦고 같은 말을 되풀이함

언어 장애는 모든 자폐아에게 나타나는 특징입니다. 자폐아는 전반적으로 언어 발달이 늦는 편인데, 어떤 아이는 5세 이후에도 말을 전혀 못 하기도 하지요.

정상아의 경우 생후 3~4개월에 옹알이를 하면서 부모의 관심을 끌려고 하는데, 자폐아에게서는 이러한 옹알이가 잘 보이지 않습니다. 대체로 아이들은 말은 못해도 부모를 쳐다보고 좋아하고, 생후 8개월쯤 되면 부모가 하는 말을 흉내 내는데 자폐아에게서는 이런 모습도 보이지 않습니다. 또 이름을 불러도 반응이 없지요.

생후 9~15개월이면 아이는 '엄마'나 '밥' 같은 하나의 단어로 의사소통을 하기 시작하고 생후 18~20개월이면 두 단어를 조합해 "엄마 밥" 하고 말을 하는데, 자폐아는 이런 형태로 언어를 발달시키지 못합니다.

어느 정도 성장을 하고 나서는 말을 하더라도 다른 사람이 한 말을 그대로 되풀이하는 경우가 많지요. 그래서 텔레비전에 나오는 광고 문구나 노래 가사 등은 똑똑히 따라 하면서도, 그것을 의사소통하는 데 적용하지 못합니다. 말을 할 때는 문장이 아닌 단어로 표현하고, 억양이 비교적 고음이며, 발음이 괴상하게 들리는 경우가 많습니다.

③ 환경 변화에 대한 저항이 큼

자폐아는 자기가 알고 있는 것과 자기가 이미 해 오던 행동만을 계속하려 합니다. 따라서 지나친 상상력과 환상을 가지고 늘 같은 놀이 활동과 간단한 일만 되풀이합니다. 특정한 물건에 강한 애착을 느껴서 그것이 없으면 울고불고 난리를 치지요. 비정상적인 행동을 반복해서, 장난감 자동차 바퀴만 몇 시간씩 돌리거나 책장을 넘기는 행동을 되풀이하기도 합니다. 또한 조금만 환경에 변화가 생겨도 이를 참지 못하고 화를 냅니다. 편식도 심해서 새로운 음식은 전혀 입에 대지 않고 늘 같은 음식만 먹으려 하기도 하지요.

자폐 스펙트럼 장애는 2세 이전에도 진단이 가능하고 치료가 빠르면 빠를수록 효과가 좋습니다. 따라서 아이가 자폐 스펙트럼 장애로 의심될 때에는 서둘러 전문의를 찾아 상담을 해 보는 것이 좋습니다. 또 부모는 정상 발달에 대해 충분히 알고 있어야 합니다. 즉 정상적인 언어·사회성·운동 발달이 어떠하다는 것을 알아야 자폐아가 앞으로 어떤 발달 과정을 거쳐야 하는지 이해하고 대처할 수 있습니다.

만약 앞에 나열한 증후들은 없고 단지 소심하고 조금 우울해하는 경우라면 걱정하지 않아도 됩니다. 성장 환경과 부모의 양육 태도를 점검하고 보다 정성을 기울여 아이를 돌보면 되지요.

✽ 아이가 자폐아 진단을 받았다면

아이가 병이나 장애를 갖고 있는 경우 부모는 죄의식을 갖기 쉽습니다. 하지만 죄책감은 아이의 행동과 특성을 이해하고 완화시키는 데 전혀 도움이 되지 않습니다. 오히려 마음의 부담만 가중시켜 적절한 치료를 어렵게 만들기 때문에 죄의식에서 빨리 벗어나는 것이 중요합니다.

또한 아이를 최대한 정상아와 많이 접촉하도록 도와주어야 합니다. 아이가 보이는 행동이 특이해서 이목을 끌고 다른 사람들이 불편해하는 것 때문에 힘이 들겠지만, 아이를 위해 꼭 필요한 일입니다. 나중에 정상인과 어울려 생활할 수 있기를 바란다면 다른 아이들과 자주 접촉함으로써 그 아이들을 흉내 내고 배울 수 있는 기회를 마련해 주어야 합니다.

자폐 스펙트럼 장애를 치료할 때는 부모의 역할이 가장 중요합니다. 아이에 대해 어느 누구보다 잘 알고 가장 많은 시간을 아이와 함께 보내기 때문이지요. 부모가 제 몫을 다하기 위해서는 무엇보다 전문적인 정보와 조언을 구하기 위해 항상 노력해야 한다는 걸 잊지 말아야 합니다.

자폐 스펙트럼 장애는 치료 시간도 오래 걸리고, 효과도 더디게 나타납니다. 하지만 공을 들인 만큼 나아지는 것이 바로 자폐 스펙트럼 장애입니다. 따라서 이 마라톤에서 지치지 않도록 부모가 평소에 감정을 잘 추스르고 건강하고 활기차게 지내야 합니다.

✷ 자폐 스펙트럼 장애와 비슷한 유사 자폐

유사 자폐란 자폐와 똑같이 아이가 자기 세계에 갇혀 마음을 열지 않는 병입니다. 처음에는 말이 늦고, 주변 사람들에게 무관심하고, 변화를 두려워하는 등의 사소한 증상을 보이지만, 그냥 방치할 경우 유치원이나 어린이집 생활이 불가능해지는 병입니다. 사실

의학적으로 '유사 자폐'라는 진단명은 없습니다. 그러나 선천적 자폐 스펙트럼 장애와 비슷한 증상을 보이되 그 원인이 다른 곳에 있을 때 유사 자폐라는 말을 종종 씁니다.

① 후천적으로 점차 증상이 드러나는 유사 자폐

선천적인 자폐 스펙트럼 장애는 생후 초기부터 증상을 보이지만, 유사 자폐는 생후 초기에는 문제를 보이지 않다가 엄마의 양육 태도에 문제가 있을 때 서서히 증상이 나타납니다. 표정이 점차 없어지고, 엄마에게 뭔가를 요구하지 않고, 한 가지 장난감이나 놀이에 몰두하면서 전체적으로 발달이 떨어지게 됩니다. 다행히 선천적인 자폐는 완치가 힘들지만 유사 자폐는 조기에 발견해 치료하면 비교적 단기간에 회복이 가능합니다.

② 엄마와 세상에 대한 불신감이 그 원인

유사 자폐의 원인은 아이가 엄마와 세상에 대한 신뢰를 형성해 가는 세 돌 이전에 제대로 된 보호와 사랑을 받지 못했기 때문입니다. 엄마가 너무 바빠서 아이와 잘 놀아 주지 않았을 때, 혹은 아이를 대신 맡아 준 사람이 아이에게 무관심했을 때, 아이에게 지속적인 스트레스를 주었을 때, 아이의 능력을 넘어서는 과도한 학습을 강요했을 때 등이 그 예가 됩니다. 사람 대신 디지털 기기와만 소통하는 경우에도 발생할 수 있습니다.

아이가 유사 자폐 증상을 보이거나 진단을 받았다면 가장 먼저 아이의 1차 애착 대상인 엄마의 양육 태도를 고쳐야 합니다. 병을 간과할 경우 그 어떤 질병보다 아이에게 치명적일 수 있습니다. 그러므로 가급적 사회성과 정서를 담당하는 뇌가 성장하는 세 돌 이전에 치료하는 것이 좋습니다.

Chapter 5

성격

성격 좋은 아이로
키우는 법 좀 알려 주세요

부모라면 누구나 '내 아이가 이런 아이가 되었으면' 하는 바람이 있을 것입니다. 그중 대표적인 것이 '성격 좋은 아이'가 아닐까 합니다. 아무리 똑똑한 아이라도 성격에 문제가 있으면 올바른 성인으로 자라기 힘들기 때문입니다. 그래서인지 어떻게 하면 성격 좋은 아이로 키울 수 있는지 물어보는 부모가 많습니다.

✱ 가족 구성원들의 관계가 성격 형성에 영향

신생아실에 있는 아이들은 대개 생김새나 하는 행동이 비슷해 보입니다. 하지만 자세히 관찰해 보면 얼굴은 물론 환경과 자극에 대한 반응도 제각각이지요. 어떤 아이는 움직임이 많고 환경 변화에 예민하게 반응하는 반면, 어떤 아이는 자극을 줄 때까지 별다른 반응을 보이지 않습니다. 백지 상태에 비유되는 아이들이 이런 개인차를 보이는 것은 어째서일까요?

생명의 활동은 아빠의 정자와 엄마의 난자가 합쳐지는 순간부터 시작됩니다. 경험이나 학습의 기회를 갖지 못한 신생아가 각기 다른 반응과 행동을 보이는 것은 유전자에 의해 각기 다른 기질을 타고났기 때문이지요. 하지만 기질만으로 성격을 설명할 수는 없습니다. 아이들의 기질은 태어난 후의 성장 환경과 상호작용을 하면서 발달하기 때문이지요. 인간이 태어나고 성장해 가는 환경인 가정이 아이의 성격 형성에 매우 큰 영향을 미친다는 것은 누구나 알고 있는 사실입니다. 특히 가정 환경 가운데 성격 형성에 중대한 영향을 미치는 요인은 가족 구성원 간의 관계 맺기입니다.

✻ 사랑을 많이 받은 아이가 성격 좋은 아이

부모의 성격과 신체적 건강, 심리적 안정성, 부부 관계, 사회적·경제적 지위, 스트레스의 정도 등이 아이가 가진 기질과 건강, 사회적 반응성 등과 어떻게 상호작용하는가에 따라 아이의 성격이 형성됩니다.

예를 들면 기질이 순한 아이라도 돌보는 부모가 불안하여 일관되고 적절한 반응을 해 주지 못하면, 아이는 불안한 경험을 많이 하게 되어 까다로운 성격이 됩니다. 반대로 돌보기 힘들고 까다로운 기질을 가진 아이라 하더라도 부모가 적절하게 반응해 준다면 아이는 안정적으로 상호작용을 해 원만한 성격을 가질 수 있지요. 어찌 보면 다 부모 하기 나름입니다.

영·유아기에 형성된 부모와 아이의 애착 정도는 외부 세계에 대한 아이의 태도를 결정지으며 성격 발달에 큰 영향을 미칩니다. 즉 영·유아기에 안정적으로 부모와 애착이 형성된 아이는 이후의 발달에서 다른 사람에 대한 신뢰감뿐 아니라 자신에 대한 긍정적인 생각도 발달시키게 되지요. 이런 아이는 사회적 상호작용도 잘하고 리더십이 있으며, 안정적인 탐색 활동을 보입니다. 이렇듯 부모와 안정적인 애착 관계를 이룬 아이들이 사회적으로 더 적응력 있는 성격을 갖게 된답니다. 그러니 성격 좋은 아이로 키우려면 부모 역할에 충실하세요.

✦ 성격 좋은 아이로 키우기 위해 해야 할 일

① 아이를 일관성 있게 대하기

같은 일을 가지고 어떤 때는 혼내고 어떤 때는 혼내지 않으면, 아이는 올바른 사회 규범을 배울 수 없습니다.

② 자율성을 키워 주기

부모의 지나친 간섭이나 과잉보호는 아이의 성격 장애를 유발하는 요인이 되기도 합니다. 아이 스스로 성공을 해 보는 경험이 많을수록 아이는 자신감이 있는 사람으로 자랍니다.

③ 사랑을 듬뿍 주기

세 돌 전까지 엄마와의 애착이 잘 형성되면 아이의 정서 발달 과정에서 생길 수 있는 많은 문제를 예방할 수 있습니다. 엄마가 우울증으로 인해 아이를 귀찮아 하거나 엄마가 아이에게 너무 집착할 경우 감정을 조절하지 못하거나 배려심 없는 아이로 자랄 가능성이 높습니다.

④ 부모도 감정 표현을 솔직하게 하기

아이가 부모의 감정을 이해하고 적절히 대처해 나가다 보면 사회성이 좋아지게 됩니다. 이런 아이들은 정서 발달이 원활해서 자신과 타인의 감정을 빨리 알아차리고, 잘 반응해 주게 되니까요.

매사에
의욕이 없고
소심해요

아이가 자꾸 움츠러들고 의기소침해 있으면 걱정이 되게 마련입니다. 그래서 '왜 이렇게 소심하지?', '소아 우울증은 아닌가?', '내가 뭘 잘못했나?' 생각하게 되지요. 아이가 매사에 의욕이 없고 소심한 것은 자아 존중감, 즉 자신을 소중하게 생각하고 사랑하는 마음이 부족하기 때문입니다. 자아 형성 시기에 자아상에 상처를 입으면 이런 현상이 나타날 수 있습니다.

＊ 자아 존중감을 키우는 것이 최우선 과제

아이의 자아 존중감을 키워 주는 것은 아이의 장래를 위해서도 매우 중요한 일입니다. 자아 존중감을 키워 주기 위해서는 부모의 세심한 배려가 필요하지요.

우선은 아이의 욕구를 존중해 주세요. 예를 들어 책을 읽을 때 아이는 집중할 수 있는 시간이 짧아 금방 싫증을 내고 얼굴을 돌려 버립니다. 이럴 때는 아이의 행동을 존중해 그냥 두어야 합니다. 아이는 자극을 받아들이는 중간 중간에 휴식 시간을 가져야 하기 때문입니다. 이렇게 사소한 것 하나하나에 아이는 존중받고 있음을 느끼면서 자신이 소중한 존재라고 생각하게 됩니다.

놀이에 몰입할 때는 방해하지 마세요

집중력은 아이들에게 있어 지능과 사고 체계를 발달시키는 매우 중요한 기초 능력입니다. 아이들은 아주 어릴 때에도 어떤 사물에 매력을 느끼면 한동안 그것에 집중하지요. 만약 아이가 자기 손가락을 유심히 바라보고 있으면 방해하지 말아야 합니다. 또 아이가 놀고 있을 때 목욕을 시키거나 책을 읽어 주거나 뭘 사러 나가야 한다는 등의 이유로 놀이를 자꾸 중단시키면 안 됩니다. 아이가 놀이에 몰두할 수 있도록 조용한 장소를 놀이 공간으로 마련해 주면 집중력 향상에 도움이 되지요.

아이의 자아 존중감을 높이려면 작은 것이라도 스스로 이루게 해야 합니다. 작은 것이라도 성공한 경험은 아이에게 행복감을 불어넣고, 다시 성공하고 싶다는 느낌을 갖게 합니다. 또 스스로 무엇이든 할 수 있다고 느끼게 하지요. 이런 느낌은 아이가 실패에 대한 두려움 없이 문제를 해결하는 원동력이 됩니다.

이 모든 일이 가능하기 위해 선행되어야 할 것은 안정적이고 행복한 가정 환경을 만드는 것입니다. 부모가 자주 싸우거나 우울한 모습을 보이면, 아이는 자신을 존중하고 사랑하는 법을 배우지 못합니다. 자아 존중감은 인간에게 필요한 덕목 중 하나입니다. 내 아이가 평생 지니고 살아갈 큰 자산 중 하나이지요. 그걸 키워 주기 위한 부모의 역할을 늘 기억하세요.

우리 아이,
왜 이렇게 산만할까요?

새 장난감도 1분만 가지고 놀면 싫증을 내고, 그림책도 서너 장 넘기기가 무섭게 다른 책으로 손을 뻗고, 이리저리 뛰노는 것을 좋아하는 아이를 둔 부모는 아이가 산만한 것은 아닌지 걱정합니다. 육아 방법에 잘못이 있는 건 아닐까 자책하기도 하지요.

❋ 부모의 양육 태도가 산만한 아이를 만듭니다

이 시기에 산만한 아이들은 기질적으로 그런 것일 수도 있지만, 대개는 부모의 양육 태도에 의해 산만한 성향을 보이는 경우가 많습니다. 산만한 아이의 부모는 대체로 지나치게 허용적인 양육 태도를 보입니다. 허용적인 태도가 아이의 자율성을 키우는 좋은 방법이기는 하지만, 지나치면 아이는 해도 좋은 것과 해서는 안 되는 것의 경계를 몰라 불안을 느끼게 되지요. 그 불안감 때문에 산만한 행동이 나오는 것입니다.

반대로 부모의 간섭이 많을 때도 산만해질 수 있습니다. 아이가 놀이에 열중하고 있을 때 다른 장난감을 주거나 중간에 끼어들면 아이의 집중력이 떨어지고 산만해지는 거지요. 그러므로 아이가 집중하고 있을 때는 방해하지 않는 것이 좋습니다.

✱ 집중력을 키우기 위한 환경 만들기

아이가 좋아하는 것에 빠져 충분히 놀게 하세요. 한 놀이에 1분 이상 집중하지 못하고 다른 놀이를 찾는 아이라면 우선 그 아이가 가장 좋아하는 놀이부터 시켜 보세요. 일단 한 가지 놀이를 통해 집중력을 키운 다음 그 집중력을 바탕으로 다른 분야에도 관심을 가질 수 있도록 유도하는 거지요.

작은 일이라도 아이 스스로 뭔가 해내면 칭찬을 해 주어야 합니다. 장난감을 스스로 정리했다거나, 저 혼자 책 한 권을 모두 봤다면 아낌없이 격려하고 칭찬해 주세요. 아이에게 성취의 기쁨을 느끼게 하는 것도 집중력을 높이는 방법입니다.

생활의 규칙을 정해 주는 것도 효과적인 방법입니다. 장난감은 정리함에, 책은 책꽂이에 정리하게 하는 등 규칙을 정해서 지키게 하는 거지요. 사소한 규칙이라도 반드시 지키게 해야 합니다. 규칙을 정해 주면 아이의 산만함을 덜어 줄 수 있으며, 산만함으로 인해 생기는 불안도 없어질 것입니다.

충분한 영양과 휴식을 취하게 하는 것도 중요합니다. 몸이 피곤하면 아이들은 자극을 쉽게 받아 차분해지기가 어렵습니다. 이것이 산만함의 이유가 되지요. 따라서 신체적으로 피로하지 않게끔 충분한 영양을 섭취하게 하고, 조용하고 편안한 상태에서 깊은 수면을 취하도록 해야 합니다.

주변 환경을 차분하게 만들어 주세요. 집 안이 어수선하면 아이는 집중이 되지 않아 쉽게 산만해질 수 있습니다. 항상 집 안을 정돈하고, 아이가 가지고 노는 장난감의 수도 조절해 주세요. 그리고 집에서는 되도록 차분한 목소리로 이야기를 나누는 것이 좋습니다.

또 사람이 많은 음식점이나 백화점 같은 곳을 자주 가는 것은 별로 좋지 않습니다. 아이가 자극적인 환경에 노출되는 것을 피해야 산만함이 커지는 것을 막을 수 있습니다.

또한 놀이든 공부든 식사든 한 번에 한 가지만 하게 하는 것이 좋습니다. 한꺼번에 여러 가지 활동을 하다 보면 자연히 주의가 산만해집니다. 밥 먹을 때 텔레비전을 켜 두거나 그림책을 볼 때 장난감을 옆에 두는 식의 상황은 피하는 것이 좋습니다.

무서움을 많이 타는 아이,

정서 발달에 문제가 있는 것은 아닐까요?

유난히 무서움을 많이 타고 작은 일에도 깜짝깜짝 놀라곤 하는 아이들이 있습니다. 어떤 아이는 어두운 장소에는 절대 들어가지 않으려 하고, 어떤 아이는 할아버지들만 보면 울음을 터트리기도 하지요.

하지만 아이들의 무서움증은 심각하게 걱정할 일은 아닙니다. 특히나 정서 발달에는 아무 문제가 없습니다. 오히려 정서가 풍부하게 분화되고 있기 때문에 일어나는 일이지요. 다만 걱정해야 할 것은 무서움이 지나치면 아이가 소극적이 되고 호기심이 저하된다는 점입니다. 부모는 아이의 호기심이 위축되지 않도록 사랑과 용기를 줘야 합니다.

무서움이나 두려움은 어떤 일이 생겼을 때 괴로울 것을 미리 아는 상태에서 생기는 감정입니다. 아이들은 커 가면서 세상에 대한 지식을 쌓게 됩니다. 그러면서 무섭고 두려운 일이 많아지지요. 지능이 발달하고 감정이 세분화되기 때문에 무서움도 느끼게 되는 것입니다. 아무 생각이 없는 아이들은 커다란 개나 독사도 무서움 없이 만지려 듭니다.

그러나 아이가 본능적으로 무서워하는 것도 있습니다. 바로 엄마와 떨어지는 일입니다. 아이에게 엄마라는 존재는 생존과 연관되어 있기 때문입니다. 아이는 엄마가 없으면 먹을 수도 없고, 어디에 몸을 의지해야 할지도 모릅니다.

무언가를 무서워하면 우선 아이를 따뜻하게 안아 위로하면서 아이의 감정에 공감해 주어야 합니다. 그리고 항상 엄마가 곁에 있다는 것을 알려 주면 분리 불안을 극복하고 차츰 용기를 내어 무서워하던 대상을 향해 다가갈 것입니다.

❋ 무서워하는 대상에 따른 대처법

아이들마다 경험이 다르고 자극 받는 일이 다르기 때문에 무서위하는 대상도 다릅니다. 하지만 대개는 어둠이나 낯선 상황, 낯선 소리, 낯선 사람 등을 무서워하지요. 상황별 대처 방법은 다음과 같습니다.

① 불을 끄고 자는 것을 무서워하는 아이

아이가 잠을 자면서 불을 끄지 못하게 하는 것은 자다 깼을 때의 기분이 유쾌하지 않기 때문입니다. 잠에서 깬 아이는 어둠 때문에 주위를 파악할 수 없는 상태에서 창문이 덜컹거리는 소리, 째깍째깍 시계 소리, 천둥소리, 빗소리를 듣고 두려움을 느낍니다. 한번 이런 느낌을 받은 아이는 낮에도 어두운 환경을 싫어하지요. 밝은 대낮에도 불을 켜려고 하고, 조금 어두운 방에도 혼자 들어가지 못하고 울어 댑니다.

이럴 때는 평소에 아이가 조용한 환경에서 자도록 해야 합니다. 흥분한 상태에서 자면 더 깨기 쉽고, 그렇게 깨면 어둠을 더 무서워하게 되기 때문이지요. 아니면 작은 불빛을 남겨 두어 자다 깨도 무서워하지 않도록 아이를 배려하는 것도 도움이 됩니다. 아이를 따로 재운다면 아이가 잠이 들 때까지 옆에 있고, 아이가 깨면 즉각적으로 달려가 안아 주고 달래 줘야 합니다.

② 병원에만 가면 우는 아이

아이가 15개월 이상 되면 병원에서 주사를 맞은 기억 때문에 병원 안으로 들어가기만 해도 울기 시작합니다. 야단을 치거나 달래도 아무 소용이 없지요. 이때는 병원에 가기 전에 아이와 함께 병원놀이를 해서 병원에 친숙해질 수 있는 기회를 마련해 보세요. 또 대기실 등에서 평소 아이가 좋아하는 장난감을 주어 긴장을 푸는 것도 도움이 되지요. 단, 주사를 맞지 않으면 몸이 더 아프게 된다고 협박하거나 엄포를 놓아서는 안 됩니다. 아이를 더 무섭게 할 뿐이니까요.

아이가 주사를 맞고 치료를 모두 마친 후에는 칭찬과 함께 보상을 해 주세요. 아이의 무서움에 공감해 주고 위로해 주는 것이 해결의 원칙입니다.

③ 동물만 보면 무서워하는 아이

어떤 아이는 동물을 보면 깜짝 놀라거나 자지러지게 울어 댑니다. 동물이 무서운 이유는 큰 소리로 짖거나 갑작스럽게 가까이 다가오는 것이 두려움을 일으키기 때문입니다. 또 아이가 동물에게 상처를 입은 일이 있어도 동물을 무서워하지요. 아이가 동물을 가까이해도 안전하다는 생각을 하게 되면, 더 이상 동물을 보고도 울지 않습니다. 엄마가 먼저 동물을 가까이하고 쓰다듬으면 아이도 서서히 다가오지요.

단, 동물이 있는 곳에서는 우유나 과자를 먹지 못하게 해야 합니다. 동물은 본능적으로 행동하기 때문에 우유나 과자를 보고 충동적으로 물려고 덤빌지도 모르기 때문입니다.

④ 낯선 상황을 무서워하는 아이

낯선 상황에서 예민한 반응을 보이는 아이는 엄마 모르는 사이에 아이가 폭력적인 상황을 접하고 심하게 놀란 일이 있지는 않은지 생각해 봐야 합니다. 특히 시끄러운 소리나 어두운 분위기를 싫어하는 아이라면 이 같은 경험을 한 후에 한동안 움츠러들고 엄마에게서 잘 떨어지지 않으려 합니다. 이때는 무서워하지 않도록 아이가 새로운 것을 접할 때 엄마가 옆에 있어 주는 것이 좋습니다. 어떤 상황에서든 부모의 지지와 사랑이 두려움을 없애는 가장 큰 힘이 되지요.

새로운 상황을 무서워하는 것을 그냥 간과하게 되면 아이는 호기심을 발휘하지 못하고 나아가 학습 능력이나 학습 욕구도 떨어지게 됩니다.

⑤ 목욕을 싫어하는 아이

목욕하는 것을 무서워하는 아이는 목욕을 하기 위해서 놀이를 갑자기 중단하는 것이 싫거나, 목욕하면서 눈이나 코에 비누 거품이 들어간 경험이 있거나, 소리나 촉각에 지나치게 예민한 경우입니다.

목욕에 대한 두려움을 없애는 가장 좋은 방법은 큰 욕조에서 엄마와 아이가 함께 목욕하는 것입니다. 그리고 아이가 싫어할 요소들을 줄여 주는 것이지요. 미끄러지지 않게 미끄럼 방지 매트를 붙이고, 샴푸 캡을 씌워 눈과 귀에 물이 들어가지 않도록 하고, 옷 벗는 것을 싫어하면 위를 먼저 씻긴 다음 옷을 입히고 아래를 씻깁니다. 또 물 위에 아이가 관심을 가질 만한 장난감이나 목욕할 때 볼 수 있는 그림책을 띄워 놓는 것도 좋습니다.

목욕을 하는 욕실 자체에 공포를 갖는다면 대야나 아기 욕조를 거실이나 방에 놓고 씻겨 볼 수도 있을 것입니다. 그래도 안 되면 목욕 횟수를 당분간 줄이는 것도 방법입니다. 싫고 무서운 것을 억지로 시키면 스트레스만 받게 되니까요.

Chapter 6

놀이&학습

아이에게는
놀이가 좋다는데,

왜 그런가요?

아이에게 놀이는 단순한 즐거움 이상의 의미를 지닙니다. 어른들의 머릿속에 있는 '놀이'는 즐거움을 주는 활동이고, '학습'은 재미없지만 목적을 달성하기 위해 꼭 필요한 활동이지요. 이렇게 대부분은 놀이와 학습을 따로 보고 어떻게 해서든 학습을 시키려는 경향이 있습니다. 그러나 아이에게는 놀이가 곧 학습입니다.

✴ 아이가 놀이를 통해 얻는 것들

유명한 교육학자 프뢰벨은 놀이를 가리켜 '아이들이 자라는 과정 자체'라고 했습니다. 실제로 태어난 지 얼마 되지 않은 아이도 손가락을 빨거나 눈앞에 보이는 풍경을 이리저리 탐색하면서 자신의 욕구와 호기심을 채우며 즐거움을 느낍니다. 이는 아주 초보적인 단계의 놀이임과 동시에 세상에 적응하는 학습의 과정이지요. 아이가 놀이를 통해 얻는 것들을 살펴보면 다음과 같습니다.

① 정서 순화

낮 동안에 신나게 뛰어놀아야 밤에 잘 자고, 그래야 집중력이 좋아져 호기심과 학습 능력도 발휘할 수 있습니다. 또한 놀이 욕망을 충분히 충족시키고 발산하면 즐겁고 명랑한 아이가 되지요. 이런 아이가 자라면 참기 힘들고 지루한 일이라도 열심히 하는 행복한 어른이 됩니다.

② 삶의 법칙을 배움

프뢰벨은 아이가 어른과 함께 놀이를 할 때 교육의 가장 깊은 의미인 '삶의 조화'를 깨닫게 된다고 했습니다. 엄마와 함께 하는 놀이는 인간관계를 체험하게 해 주며, 놀이 속에 숨어 있는 삶의 법칙을 자연스럽게 터득하게 해 줍니다. 이렇게 배운 삶의 법칙들은 훈계나 강의를 통해 터득하는 것보다 훨씬 쉽고 자연스럽게 다가올 뿐 아니라 오래 기억되지요.

③ 두뇌 발달

아이는 놀이를 통해 주변의 사물이나 장난감 등 새로운 것에 흥미를 가질 수 있고, 여러 사물을 관찰하고 경험하면서 자연스럽게 색깔이나 크기 등을 배우게 됩니다. 이 과정을 통해 새로운 지적 호기심이 생기고 이를 채워 가며 성장하게 되지요. 또한 현실을 놀이 속으로 끌어들여 마음껏 상상하고, 크고 작은 문제를 나름대로 판단하고 해결합니다. 그래서 잘 노는 아이가 똑똑한 아이가 되는 법입니다.

④ 몸을 고루 발달시켜 튼튼하게 자람

재미있는 놀이에 빠져 밀고, 당기고, 달리는 사이에 몸이 저절로 단련되고 골고루 발달합니다. 따라서 조금 번거롭더라도 아이에게 마음껏 움직이며 놀 수 있는 충분한 공간과 여건을 만들어 주는 것이 곧 좋은 교육 환경을 제공하는 길입니다.

🌟 놀이의 발달 단계

아이가 돌이 지나면 사회성 발달을 위해 문화센터에 데리고 다니는 등 또래 친구와 접촉하는 기회를 자주 갖게 하려고 노력하는 부모가 많습니다. 그러면서 아이가 친구와 어울려 놀지 못하거나, 장난감을 양보하지 않거나, 친구를 때리면 사회성에 문제가 있는 것은 아닌지 걱정을 하곤 하지요. 하지만 세 돌까지는 사회성 발달이 잘 이루어지지 않으며, 나와 주변을 탐색하는 정도밖에 하지 못합니다. 아이들의 놀이는 크게 세 단계로 나눌 수 있습니다.

① 평행 놀이 단계

세 돌까지의 아이들이 노는 모습을 보면 다른 아이를 쿡쿡 찌르거나 껴안고, 상대방의 장난감을 쳐다보는 등의 탐색을 합니다. 그러다가 관심을 돌려 엄마와 놀려고 하거나 혼자 놀이에 빠지기도 하지요. 이는 발달상 자연스러운 모습으로 이때 사회성이 없는 건 아닌가 하는 걱정은 하지 않아도 됩니다.

② 연합 놀이 단계

세 돌이 지난 아이들은 조금씩 친구에게 관심을 가지고 함께 놀려고 합니다. 하지만 어른이 생각하는 대로 적극적인 상호작용을 하며 노는 것이 아니라, 같은 공간에서 같은 놀이를 하는 것을 즐깁니다. 예를 들어 키즈카페에서 놀 때 한 아이가 기차 놀이를 시작하면 다른 아이들도 장난감 기차를 들고 놀기 시작합니다. 이를 연합 놀이 단계라고 하지요.

③ 협동 놀이 단계

네 돌이 지나면 아이들은 또래 친구들과 노는 즐거움을 알게 됩니다. 그래서 부모와 놀기보다는 친구들과 노는 것을 더 좋아하지요. 이때의 놀이는 활발한 상호작용을 통해서 이루어집니다. 규칙을 즐기면서 놀고, 다른 아이의 기분을 헤아려 자신의 것도 양보할 줄 알게 되는 것이지요. 이런 상호작용을 통해 아이들의 사회성은 비약적으로 발전합니다.

똑똑한 아이로 만들려면

어떻게 해야 하나요?

조기 교육이니 영재 교육이니 하는 학습 열기는 식지도 않고 부모들의 마음을 들었다 놓았다합니다. 세 돌이 안 되었는데 영어로 노래를 줄줄 하는 아이의 동영상을 보게 되면 왜 그렇게 내 자식은 모자라 보이는지⋯⋯. 아이를 똑똑하게 키우고 싶은 부모들의 욕심은 한도 끝도 없습니다.

✱ 가르친다고 똑똑해지지는 않습니다

엄밀히 말해 아이를 똑똑하게 만드는 것은 지식을 가르친다고 되는 일이 아닙니다. 영·유아기에 두뇌를 자극하는 것은 책이나 장난감이 아니라 엄마의 육아 태도와 방식입니다. 이 사실을 모르고 무작정 돈을 들여 원어민 영어 과외니 글짓기니 하는 학습을 시키다 보면 아이 가슴에 멍이 들게 됩니다.

소아 정신과에 오는 아이들 중에 조기 교육 때문에 마음의 병을 얻은 아이가 얼마나 많은지 아시나요? 그런 아이들을 볼 때마다 저는 분통이 터집니다. 아이를 똑똑하게 만드는 것은 절대 '지식 가르치기'가 아닙니다.

아이를 기르는 사람이라면 누구나 하루에도 몇 번씩 "안 돼!", "지지야" 같은 말을 하게 마련입니다. 아이가 혹여 지저분한 것을 먹거나 만질까 봐, 또 다칠까 봐 전전긍긍하게 되지요.

그런데 그 말도 자주 하다 보면 자신도 모르게 습관이 됩니다. 때로는 별로 위험하거나 지저분하지 않아도 본인이 편하기 위해 아이의 행동을 제약하게 되는 거지요. 이런 말은 아이의 호기심을 자꾸 막게 되어 좋지 않습니다. 그래서 결과적으로는 두뇌 발달을 방해하게 됩니다.

✸ 부모의 사랑과 비례하는 지적 능력

부모가 아이의 질문에 대답을 안 하거나 성의 없이 답해 주면서 똑똑한 아이가 되기를 기대하는 것은 어불성설입니다. 두 돌 즈음의 아이는 호기심이 왕성하고 질문도 많습니다. "이건 뭐야?", "저건 왜 그래?" 하면서 끊임없이 주변의 모든 것에 궁금증을 갖고 질문을 하지요. 이때 부모가 어떻게 대답해 주느냐에 따라 아이의 지적 능력에 큰 차이가 나게 됩니다. 아이가 똑똑하게 자라길 바란다면, 아이의 호기심을 존중해 주면서 무엇이든 함께 탐색하고, 질문에 성실히 대답해 줘야 합니다.

부모의 무관심은 아이가 똑똑해지는 것을 어렵게 합니다. 무관심한 부모 밑에서 자란 아이는 자극 받을 기회가 별로 없어 반응도 느리고 두뇌 활동도 현저하게 떨어지지요. 아이에 관한 일이라면 유난히 부지런한 부모들이 있는데, 그 열정으로 부지런히 아이를 돌보고 놀아 준다면 아이들의 지적 수준이 훨씬 높아질 겁니다.

또한 똑똑한 아이를 만들려면 가능한 한 아이를 자유롭게 해 주어야 합니다. 그래야 호기심과 탐험심이 자랍니다. 엄격한 분위기에서 통제받으며 자란 아이는 정서적으로 위축되어 새로운 것을 배우고 싶은 동기가 떨어지지요. 특히 부모에게 자주 벌을 받거나 맞은 아이는 불만이 누적되고 흥미와 열의가 떨어져 창의적인 사고를 할 수 없게 되며 지능도 떨어지게 됩니다.

또 주의해야 할 것은 아이를 혼내고 달래 주지 않으면 격한 감정이 뇌 속에 그대로 기억되어 나쁜 영향을 준다는 사실입니다. 엄마에게 서운한 감정을 갖고 잠자리에 들면 자는 동안 그 감정을 그대로 간직해 불안한 상태가 되는데, 이런 상태는 뇌 발달에 매우 좋지 않습니다. 야단을 쳤더라도 아이가 잠들기 전에는 부드럽게 달래서 뇌 속에 남아 있는 나쁜 감정을 없애 주어야 합니다.

멍청한 아이를 만드는 Tip
부모의 습관

1. 아이가 묻는 말에 성의껏 대답해 주지 않는다.
2. 아이에게 무관심하고 육아에 게을러서 보살펴 주지 않고 놀아 주지 않는다.
3. 아이가 하는 일마다 사사건건 간섭하고 통제한다.
4. 아이를 혼낸 후 달래지 않고 재운다.

5

0~2세
부모들이
절대 놓치면
안 되는

아이의
위험 신호

0~1세

1 아이가 낯선 사람을 봐도 싫어하거나 울지 않아요

대개 아이는 6~7개월경이 되면 낯가림을 시작합니다. 아무리 순한 아이라고 해도 낯선 사람을 경계하고 심한 경우 얼굴이 빨개질 만큼 울기도 하지요. 그런데 낯가림은 엄마를 알아보고 엄마가 아닌 사람을 경계하는 것으로, 그만큼 기억력이 발달하고 나름의 사고 체계가 잡혔음을 의미합니다. 그래서 만약 낯을 가리기는 커녕 생전 처음 보는 사람이 와서 안아도 울지 않는다면 오히려 매우 위험한 신호에 해당합니다. 아무에게나 잘 안기면 주 양육자와의 애착이 잘 형성되지 않았을 가능성이 매우 높기 때문입니다. 그럴 때는 아이를 자주 안아주고, 아이와 눈 맞춤을 길게 많이 해 주세요. 만약 아이가 눈 맞춤을 회피하거나 반응을 잘 보이지 않으면 전문의를 찾아가 상담을 받아 볼 필요가 있습니다.

2 아이가 '까꿍 놀이'에 별 반응이 없어요

아이가 7~9개월쯤 되면 다른 사람의 얼굴 표정을 보고 기뻔지, 슬픈지 그 감정을 알아차리고 그의 행동을 모방하기 시작합니다. 이 시기 대표적인 놀이가 바로 '도리도리', '짝짝꿍', '잼잼' 등의 놀이인데요. 이를테면 엄마가 아이에게 '도리도리' 동작을 반복해서 보여 주면 아기가 어느새 그 동작을 따라합니다. 이에 대해 하버드 대학교 펠릭스 바르네켄 교수는 "인간은 생존을 위한 모든 능력을 선천적으로 갖추고 태어나는 게 아니기 때문에 모방과 같은 사회적 학습을 배우려고 노력한다"라고 말하며 모방의 중요성을 강조한 바 있습니다. 즉 아이가 모방을 하는 것은 생존을 위해 배우고 습득하고자 하는 인간의 본능인 것이지요.

그러므로 까꿍 놀이를 했을 때 아이가 별 반응이 없이 시큰둥하거나 시선 접촉 없이 짧게 따라 하다가 금방 끝내 버린다면 문제가 있는 것입니다. 자폐 스펙트럼 장애 등의 사회성 발달 문제, 애착장애, 불안 장애 등의 정서 발달 문제 등을 의심해 볼 필요가 있습니다. 그럴 때는 눈을 수건으로 가렸다 떼는 식으로 아이와 까꿍 놀이를 하면서 눈 맞춤을 통해 감정 교환을 하는 연습을 해 보세요. 그래도 아무런 반응이 없다면 위험 신호라고 볼 수 있습니다.

3 아이가 사회적 기능 놀이에 아무 관심이 없어요

아이가 12개월쯤 되면 어른들이 하는 일에 관심을 보이면서 혼자 놀 때는 모방을 하며 놀기 시작합니다. 아이가 어른들의 행동을 따라 하며 사회적 행동을 배우고, 나중에 이를 또래와의 관계에 적용하는 것이지요. 그런데 이 시기에도 여전히 감각 놀이나 촉감 놀이에만 골몰한다면 문제가 있다고 볼 수 있습니다. 전반적으로 인지 발달이 느리거나 사회성 발달 장애를 의심해 볼 수 있는데요. 그럴 때는 발달 평가를 해 보는 것이 예방적 차원에서 필요합니다. 그냥 내버려 두면 언어적 인지능력이 저조하거나 사회성 발달, 상상력의 발달 등에 계속 문제를 유발할 수 있기 때문입니다. 요즘 들어 돌 전부터 과도하게 텔레비전이나 디지털 기기를 보여 주는 사례가 늘고 있는데, 그것은 아이의 사회성 발달에 치명적인 문제를 일으킬 수 있으므로 유의해야 합니다.

4 다양한 얼굴 표정이 없이 대체적으로 굳어 있어요

아기의 기본적인 정서 발달이 이루어지는 시기는 태어나면서부터 돌 무렵까지인데, 이때 아이는 인간의 기본적인 감정을 느끼고 그것을 표정으로 표현합니다. 배고플 때 수유를 잘해 주고, 기저귀를 제때 갈아 주고, 규칙적인 생활을 하면 좋은 기분을 느끼고, 반대의 경우 불쾌한 기분을 느끼며 감정 발달도 함께 이루어지는 것이지요. 또 타인의 감정에 공감하는 거울 신경(mirror neuron)의 기능으로 인해 주 양육자의 감정을 흉내 내고 알아차리면서 자신의 감정을 어떻게 표현해야 하는지도 배우게 됩니다.

그런데 아이가 생리적, 감각적 조절이 잘 안 되는 예민한 체질을 타고날 경우 감정 조절 역시 어려워 불쾌하고 불안한 상태를 지속하게 됩니다. 그러면 타인과의 감정 교환을 통한 정서 발달이 잘 이루어지지 않아 감정을 인지하고 표현하는 영역에 문제가 생기게 됩니다. 아이가 정상적으로 태어났더라도 제대로 보호받지 못하거나 주 양육자에게 우울증 등의 정서장애가 있는 경우 정서적으로 공감 받을 기회를 박탈당하게 됩니다. 그러면 정서 담당 뇌의 신경망에 가해지는 자극이 부족해서 아이가 정서를 인지하고 표현하는 능력이 부족한 상태로 자라게 됩니다.

아기가 다른 아이들에 비해 무표정하고, 즐거운 자극을 줘도 잠시 관심을 보이다 곧 자신만의 놀이에 몰두하는 등의 행동을 한다면 아이의 정서 발달에 문제가 있는 것은 아닌지 유의할 필요가 있습니다. 만일 그런 문제가 있다면 아이와 눈 맞춤을 길게 하면서 "우리 아기가 화가 났구나", "우리 아기가 좋아하네" 등의 말을 통해 아이가 자신의 기분을 인지하게 도와주고, "우리 아가가 좋아하니까 엄마도 좋네" 하는 식으로 정서적 공감을 확실히 표현하는 것이 좋습니다. 만약 그런 노력에도 아이가 여전히 엄마의 감정에 별로 관심이 없고, 혼자 놀이에 몰두하고, 수시로 짜증을 낸다면 전문가를 찾아가 그 원인을 밝혀 치료를 받는 것이 필요합니다.

5 엄마의 심한 산후 우울증이 가장 큰 문제일 수도 있어요

아이를 봐도 기쁘기는커녕 걱정만 앞선다는 엄마들이 종종 있습니다. 분만 후 3~6일쯤 되면 임산부의 50퍼센트가 산후 우울

기분 장애라고 표현되는 산욕기 정서장애를 겪습니다. 하지만 대부분 증상이 경미하고, 이틀에서 사흘 정도 지나면 회복되는 모습을 보입니다. 하지만 간혹 산후 우울증으로 발전해서 자신은 물론 신생아와 주변 가족들까지 불행에 빠트리는 경우가 있습니다.

산후 우울증은 보통 우울과 불안을 동반하는데 불면, 섭식 장애, 신경과민, 기력 저하, 아기가 보내는 신호의 잘못된 해석, 기억력 및 사고의 장애 등의 증상을 보입니다. 대개 산후 첫 10일 이후에 발생하며 1년 넘게 지속되기도 하는데 일반적으로 산모의 10~15퍼센트가 산후 우울증을 경험한다고 합니다. 그런데 산후 우울증은 아기의 인지능력 및 발달 장애에도 영향을 미친다는 연구 결과들이 있으므로 세심한 주의가 필요합니다. 다음은 에든버러 산후 우울증 자가 측정표로 각 항목에 자신이 해당하는 번호를 체크한 뒤 체크된 번호의 숫자를 모두 더했을 때 13점 이상이면 산후 우울증 초기 단계라고 볼 수 있으므로 반드시 전문가를 찾아가 상담과 치료를 받아야 합니다.

에든버러 산후 우울증 `Tip` 자가 진단 체크리스트

1. 웃을 수 있었고, 사물의 재미있고 흥미로운 면을 발견할 수 있었다.

⓪ 예전과 똑같았다.
① 예전보다 조금 줄었다.
② 확실히 예전보다 많이 줄었다.
③ 전혀 그렇지 않았다.

2. 즐거운 마음으로 미래에 일어날 일들을 기대했다.

⓪ 예전과 똑같았다.
① 예전보다 조금 줄었다.
② 확실히 예전보다 많이 줄었다.
③ 거의 그러지 못했다.

3. 어떤 일이 잘못되면 나 자신을 필요 이상으로 탓했다.

⓪ 전혀 그렇지 않았다.
① 그다지 그렇지 않았다.
② 그런 편이었다.
③ 거의 항상 그랬다.

4. 별다른 이유 없이 불안하거나 초조했다.

⓪ 전혀 그렇지 않았다.
① 거의 그렇지 않았다.
② 가끔 그런 적이 있다.
③ 자주 그랬다.

5. 별다른 이유 없이 두려움이나 공포감을 느낀 적이 있었다.

⓪ 전혀 그렇지 않았다.
① 그다지 그렇지 않았다.
② 가끔 그랬다.
③ 꽤 자주 그랬다.

6. 여러 가지 일들이 힘겹게 느껴졌다.

⓪ 평소처럼 일을 매우 잘 감당하였다.
① 대부분의 일을 잘 감당하였다.
② 가끔 그러하여 평소처럼 일을 감당할 수 없었다.
③ 대부분 그러하여 일을 전혀 감당할 수 없었다.

7. 너무 불행하다고 느껴서 잠을 제대로 잘 수가 없었다.

⓪ 전혀 그렇지 않았다.
① 자주 그렇지는 않았다.
② 가끔 그랬다.
③ 대부분 그랬다.

8. 슬프거나 비참하다고 느꼈다.

⓪ 전혀 그렇지 않았다.
① 그다지 그렇지 않았다.
② 가끔 그랬다.
③ 대부분 그랬다.

9. 스스로 불행하다고 느껴 울었다.

⓪ 전혀 그렇지 않았다.
① 아주 가끔 그랬다.
② 자주 그랬다.
③ 대부분 그랬다.

10. 자해하고 싶은 충동이 들었다.

⓪ 전혀 그렇지 않았다.
① 거의 그런 적이 없었다.
② 가끔 그랬다.
③ 자주 그랬다.

▌ 아이가 싫다 좋다 표현이 거의 없어요

▌ 돌부터 두 돌까지 아이 심리 발달의 가장 큰 특징은 자신이 누구인지 하는 자아 정체감을 형성하는 것입니다. 아기는 처음에 주 양육자와 자신을 잘 분리하지 못합니다. 그러다 어느 순간 싫다는 표현을 말로 하거나 고개를 돌리는데요. 그때가 바로 아이에게 자아 개념이 형성되기 시작하는 순간입니다. 그런데 일부 아이들은 어떤 상황에서도 자신의 뜻을 제대로 표현하지 않고, 그냥 외부에서 시키는 대로 따라 하다가 갑자기 소리를 지르고 떼를 씁니다. 이런 상태가 지속되면 심리적으로 자아 발달이 제대로 되지 않아 언어 표현력이 떨어지고, 타인이나 외부 자극 전체에 대해 적극적으로 대처하는 능력이 발달하지 않아 전반적 발달 지연까지 보이게 됩니다.

아이가 싫다, 좋다 표현이 너무 없으면 부모들은 답답해하기 마련인데요. 그렇다고 아이에게 억지로 대답을 강요해서는 절대 안 됩니다. 그럴 때는 먼저 "기분이 나쁘구나" 혹은 "기차를 가지고 놀고 싶구나" 하고 아이의 마음을 읽어 준 후 아이 스스로 무언가를 할 때까지 기다려 줘야 합니다. 그래도 아이가 별 반응이 없고 자신의 세상에만 머무를 때는 "엄마는 ○○하고 싶은데"라고 조심스럽게 자신의 입장을 알려 주며 아이의 반응을 이끌어 내고 "우리 ○○도 엄마처럼 잘 하네" 하며 조그만 시도에도 관심과 긍정적 반응을 표시하는 것이 좋습니다.

2 전반적으로 조절이 잘 되지 않아요

아이가 돌이 지나면 수면, 식사 등 기본적 생리가 어느 정도 규칙성을 띠게 되고 다양한 감각 자극에서도 조절 및 통합이 가능하게 됩니다. 하지만 18~24개월이 넘어가는데도 아이가 작은 소리에 깜짝 놀라고, 특정 소리나 자극, 장소를 극도로 싫어해서 외출할 때 꽤 애를 먹는 경우가 있습니다. 그럴 때 아이는 대개 잘 안 자고 자주 깨는 등 수면이 매우 불규칙한 모습을 보이는데요. 그대로 내버려 두면 아이가 불쾌한 정서에 쉽게 휩싸이고, 환경을 적극적으로 탐색하지 않아 인지, 정서, 언어 발달의 문제까지 유발하게 되므로 조기에 치료를 하는 것이 좋습니다.

먼저 감각적 예민성, 신체 자세, 균형감 등을 전문적으로 평가받고, 이상이 있으면 다른 영역의 발달이 제대로 이루어졌는지 종합 발달 평가를 해 보는 것이 필요합니다. 그래서 문제가 있다면 감각 통합 치료와 부모 교육(아이의 예민한 감각을 건드리지 않는 기술)

을 통해 가급적 세 돌 이전에 교정해 주는 것이 좋습니다. 감각적 예민성이 지나친 아이를 보육 기관에 보낼 경우, 너무 많은 자극에 노출되어 불안이 증가하거나 회피적 행동을 할 수 있으므로 교정을 끝내고 보내는 것이 낫습니다.

3 아이가 엄마와 떨어지면 잠도 못 자요

아기는 6개월 무렵부터 선별적 애착 형성을 하기 시작하는데, 돌 즈음에는 분리 불안이 강해 잠시도 엄마 곁을 떠나지 않으려고 합니다. 하지만 그 시기를 잘 넘기면 아이는 혼자 걷기가 가능해지면서 엄마 곁을 떠나 돌아다니는 반경이 커지고, 점점 엄마와 떨어져 지내는 시간이 많아지게 됩니다. 하지만 일부 아이들은 18개월이 지나도 엄마 곁에만 딱 붙어 있으려고 하고, 엄마가 없으면 자다가도 깨서 우는 등 점점 더 분리 불안이 심해지는 모습을 보입니다.

그럴 때는 빨리 원인을 파악하는 것이 중요합니다. 아이가 부모와 떨어져 자라거나, 주 양육자가 빈번히 교체되거나, 주 양육자에게 정서적 불안이 있는 등의 이유로 아이에게 애착 불안정성이 생긴 것은 아닌지 살펴볼 필요가 있습니다. 그럴 때는 엄마가 휴직을 하더라도 아이를 정서적으로 편안하게 지속적으로 돌보면서 아이의 불안을 달래 주는 것이 먼저입니다.

비교적 안정된 환경이라도 아이가 원래 예민하고 불안한 기질을 가진 경우라면 분리 불안이 심할 수 있습니다. 그럴 때는 아이의 눈높이에 맞춰 애착 욕구를 수용해 주는 것이 필요합니다. 지나치다 싶을 정도로 아이의 애정 욕구를 맞춰 주어야 하는 겁니다. 그렇게 온갖 노력을 해도 아이의 상태가 나아지지 않는다면 놀이 심리 치료, 부모 교육 등을 받을 필요가 있습니다.

4 아이가 특정 감각, 특정 놀이에만 매달려요

아이는 보통 돌이 지나면 주위의 모든 자극에 급격히 관심을 보이며, 어른들의 행동을 모방하면서 즐거움을 느낍니다. 하지만 자동차 놀이나 문을 여닫는 놀이만 반복하거나 계속 머리카락을 꼬는 행위만 하는 등 특정 감각이나 놀이에 매달리는 아이들이 일부 있습니다. 부모가 보다 못해 아이가 집착하는 장난감을 뺏거나 다른 장난감 놀이를 시키려 하면 소리를 지르면서 심한 거부 행동을 하기도 합니다. 그럴 때 아무 조치를 취하지 않으면 아이는 다른 영역을 배우지 못해 인지 발달의 불균형이 초래됩니다. 특정 뇌 영역의 기능이 저하되어 특정 학습을 잘 못하는 학습 장애, 사회성 두뇌 발달에 문제가 발생하는 자폐 스펙트럼 장애 등이 생기게 되는 것이지요.

그러므로 지나치게 한두 가지 장난감이나 자극에만 매달리는 아이는 전문가를 찾아가 상담을 통해 치료를 받게 하는 게 좋습니다. 아이가 체질적으로 심한 불안이 있는 경우 아이는 불안을 다스리는 놀이 심리 치료를 받게 하고, 부모 또한 플로어타임(floortime) 같은 부모 교육 프로그램을 통해 아이를 제대로 보살피는 법을 배우는 것이 좋습니다. 강박 성향이 심하거나 자폐 스펙트럼 장애가 있는 경우 치료는 빠르면 빠를수록 좋기 때문에 아이에게 문제가 있다고 판단되면 되도록 빨리 전문가를 찾는 것이 필요합니다. 다만 특정 놀이에만 몰두하는 아이가 세 돌이 지나면서 자연스럽게 정상 발달을 하는 경우도 있으므로 섣부른 판단과 걱정으로 오히려 문제를 키우지 않는 것도 중요합니다.

5 심하게 자기주장만 하고 고집이 세요

아이가 두 돌쯤 되면 대개 자기주장이 강해지면서 고집을 부리는 경우가 많아집니다. 눈치가 없는 것은 아니지만 아직 욕망이나 충동의 통제가 잘 되지 않아 떼를 쓰는 것이지요. 심하면 자기중심적 시각만 고집하며 타인의 감정과 생각을 잘 읽지 못해 타인과 공감하지 못하기도 합니다. 어린이집에서 친구를 때리고도 별로 미안해하지 않을뿐더러 나무라는 선생님을 오히려 원망하는 아이가 바로 그런 경우입니다. 그런 아이는 동생에게도 일절 양보가 없고 다른 아이들이 가지고 노는 장난감을 뺏고서도 사과의 말을 할 줄 모릅니다.

이럴 때 대부분의 부모나 교사들은 "우리 아이가 좀 고집이 센 편이에요", "아이가 자기주장이 강한 편이에요"라고 말하며 나이가 들면 자연스럽게 나아질 것이라 생각합니다. 하지만 너무 고집이 세고, 타인의 입장을 전혀 받아들이지 못해 적응도 잘 못한다면 문제가 심각하다고 볼 수 있습니다. 그럴 때는 아이의 눈을 똑바로 보고 "네가 그러니까 엄마는 기분이 나빠"라면서 엄마의 감정과 생각을 확실히 전달해서 아이가 그것을 받아들이는 모습을 잘 관찰할 필요가 있습니다. 만약 아이가 수긍하면 괜찮지만 회피를 하거나 타인의 입장을 인지하지 못하고 계속 자기 입장만 고수한다면 그 원인을 알아내 고쳐야 합니다.

신의진의
아이심리백과 : 0~2세 편

초판 1쇄 2020년 6월 8일
초판 8쇄 2024년 9월 10일

지은이 | 신의진
발행인 | 강수진
편집 | 유소연 조예은
마케팅 | 이진희
디자인 | design co*kkiri

표지 일러스트 | Annelies

주소 | (04075) 서울시 마포구 독막로 92 공감빌딩 6층
전화 | 마케팅 02-332-4804 편집 02-332-4809
팩스 | 02-332-4807
이메일 | mavenbook@naver.com
홈페이지 | www.mavenbook.co.kr
발행처 | 메이븐
출판등록 | 2017년 2월 1일 제2017-000064